Let's go!!!

Scratch 3
少儿交互式游戏编程
一本通

快学习教育 编著

机械工业出版社
China Machine Press

图书在版编目（CIP）数据

Scratch 3少儿交互式游戏编程一本通／快学习教育编著. —北京：机械工业出版社，2020.7

ISBN 978-7-111-65680-7

Ⅰ. ①S… Ⅱ. ①快… Ⅲ. ①程序设计－少儿读物 Ⅳ. ① TP311.1-49

中国版本图书馆 CIP 数据核字（2020）第 087864 号

　　本书以图形化编程工具 Scratch 为教学环境，采用"案例导向"的编写思路，带领孩子以交互式方式完成程序的编写。

　　全书共 8 章。第 1 章主要讲解 Scratch 的工作界面和基本操作。第 2～8 章详细讲解 7 款经典趣味动画和游戏的设计与制作，包括"鼠标触发——数一数""颜色触发——动画小故事""人工智能——小小翻译员""随机的秘密——多彩花园""操控时间——开心打字母""列表的运用——猜猜它是谁""键盘的交互——趣味捡苹果"，孩子能够在轻松愉悦的创作过程中理解和掌握编程的核心思想。

　　本书内容图文并茂，讲解浅显详尽，是一本非常适合亲子共读的编程书，也可作为少儿编程培训机构的教学用书或课程设计的参考资料，以及中小学教师提高教学信息化水平的参考资料。

Scratch 3 少儿交互式游戏编程一本通

出版发行：机械工业出版社（北京市西城区百万庄大街 22 号　邮政编码：100037）

责任编辑：李华君　　　　　　　　　　　　责任校对：庄　瑜

印　　刷：北京天颖印刷有限公司　　　　　版　　次：2020 年 8 月第 1 版第 1 次印刷

开　　本：170mm×242mm　1/16　　　　　印　　张：14.5

书　　号：ISBN 978-7-111-65680-7　　　　定　　价：79.80 元

客服电话：（010）88361066　88379833　68326294　　　投稿热线：（010）88379604

华章网站：www.hzbook.com　　　　　　　　　　　　　读者信箱：hzit@hzbook.com

PREFACE

前 言

Scratch 是美国麻省理工学院设计开发的可视化少儿编程工具。它把枯燥乏味的代码变成"乐高"式的积木块，孩子们通过积木块的层叠、嵌套、镶嵌等交互式操作就能完成编程，轻松制作出各种充满创意的动画和游戏。

◎ 内容结构

全书共 8 章。第 1 章讲解 Scratch 的工作界面和基本操作。第 2～8 章详细讲解 7 款动画和游戏的设计与制作，包括"鼠标触发——数一数""颜色触发——动画小故事""人工智能——小小翻译员""随机的秘密——多彩花园""操控时间——开心打字母""列表的运用——猜猜它是谁""键盘的交互——趣味捡苹果"，带领孩子在轻松愉悦的氛围中理解和掌握编程的核心思想，锻炼逻辑思维。

◎ 编写特色

★ 案例精美，讲解详尽：本书的案例均针对孩子的喜好和认知特点进行精心设计，难度由浅入深，实现的效果既美观又生动，能有效激发孩子的学习热情。案例的每个步骤都配有清晰直观的图文说明，孩子只需要根据讲解一步步操作，就能轻松完成编程。

★ 厘清思路，解析原理：每个案例在讲解编程步骤之前先梳理创作思路，提炼编程的原理和要点，让孩子"知其然，更知其所以然"。

◎ 读者对象

本书是一本适合亲子共读的编程书，也可作为少儿编程培训机构的教学用书或课程设计的参考资料，以及中小学教师提高教学信息化水平的参考资料。

由于编者水平有限，本书难免有不足之处，恳请广大读者批评指正。读者除了可扫描二维码关注公众号获取资讯以外，也可加入 QQ 群 984996465 与我们交流。

编者
2020 年 4 月

如何获取学习资源

步骤 1: 扫描关注微信公众号

在手机微信的"发现"页面中点击"扫一扫"功能，进入"二维码/条码"界面，将手机摄像头对准右图中的二维码，扫描识别后进入"详细资料"页面，点击"关注公众号"按钮，关注我们的微信公众号。

步骤 2: 获取学习资源下载地址和提取密码

点击公众号主页面左下角的小键盘图标，进入输入状态，在输入框中输入"交互游戏"，点击"发送"按钮，即可获取本书学习资源的下载地址和提取密码，如右图所示。

步骤 3: 打开学习资源下载页面

在计算机的网页浏览器地址栏中输入前面获取的下载地址（输入时注意区分大小写），如右图所示，按 Enter 键即可打开学习资源下载页面。

步骤 4: 输入密码并下载文件

在学习资源下载页面的"请输入提取密码"文本框中输入前面获取的提取密码（输入时注意区分大小写），再单击"提取文件"按钮。在新页面中单击打开资源文件夹，在要下载的文件名后单击"下载"按钮，即可将其下载到计算机中。如果页面中提示选择"高速下载"或"普通下载"，请选择"普通下载"。下载的文件如果为压缩包，可使用 7-Zip、WinRAR 等软件解压。

提示

读者在下载和使用学习资源的过程中如果遇到自己解决不了的问题，请加入 QQ 群 984996465，下载群文件中的详细说明，或向群管理员寻求帮助。

CONTENTS

目 录

认识 Scratch

第2章 鼠标触发——数一数

第3章 颜色触发——动画小故事

第4章 人工智能——小小翻译员

第5章 随机的秘密——多彩花园

第6章 操控时间——开心打字母

第7章 列表的运用——猜猜它是谁

第8章 键盘的交互——趣味捡苹果

第1章
认识 Scratch

Scratch 是美国麻省理工学院开发的一款少儿编程工具。不同于传统的编程软件，Scratch 采用积木块组合的编程方式，用户不需要输入代码，只需要用鼠标拖动积木块就能比较轻松地完成编程，制作出生动有趣的动画和游戏。

Scratch 在线版

在网络稳定的情况下，只需要有一个网页浏览器，就能使用 Scratch 在线版轻松创建和编辑 Scratch 作品。

Scratch 在线版的使用非常简单。打开网页浏览器，在地址栏中输入网址"scratch.mit.edu"，按 Enter 键，进入 Scratch 的官网主页。

输入"scratch.mit.edu"，按 Enter 键

在官网主页中单击"创建"菜单或"开始创作"按钮，即可进入 Scratch 在线版的编辑界面。

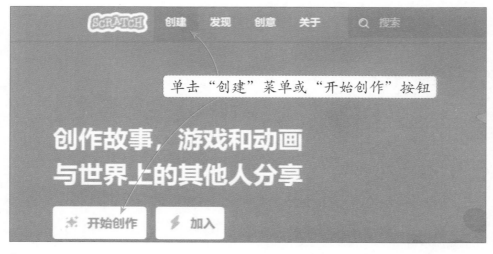

单击"创建"菜单或"开始创作"按钮

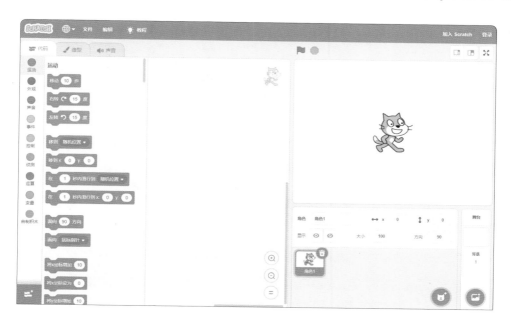

小提示

切换语言

Scratch 官网主页的默认显示语言为"English"（英文）。如果要将网页的显示语言切换为中文，可以单击网页底部的"English"右侧的下拉按钮，在展开的列表中选择"简体中文"选项。

Scratch 离线版

如果网络很不稳定或者速度较慢，可以下载并安装 Scratch 离线版，在需要的时候打开程序即可使用。

下载 Scratch 离线版安装文件

安装 Scratch 离线版之前，需要先从官网下载安装文件。在网页浏览器中打开 Scratch 官网主页，向下滚动页面，在页面底部找到"支持"栏目，单击其中的"下载"链接。

单击"下载"链接

在打开的页面中根据操作系统选择下载链接，这里我们选择 Windows 系统，然后单击"直接下载"链接。

小提示

在低版本操作系统中使用 Scratch 3

Scratch 3 对操作系统版本的最低要求是 Windows 10 或 macOS 10.13。如果计算机上安装的操作系统版本比较低，如 Windows 7 或 Windows XP，可以先尝试安装离线版，若安装不成功，则只能使用在线版。

安装 Scratch 离线版

下载好 Scratch 离线版安装文件后，就可以将 Scratch 离线版安装到自己的计算机中。Scratch 离线版的安装过程根据所使用的操作系统会有所不同，这里以在 Windows 系统下安装 Scratch 离线版为例介绍具体步骤。

双击下载好的 Scratch 离线版安装文件，弹出"Scratch Desktop 安装"对话框，在该对话框中选择是为当前用户还是所有用户安装 Scratch，此处选择为所有用户安装，然后单击"安装"按钮。

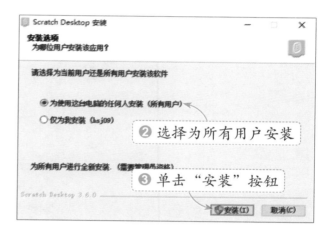

Scratch Desktop 安装向导就会开始安装程序，并以进度条的形式显示安装进度。安装完成后，单击对话框中的"完成"按钮即可结束安装。

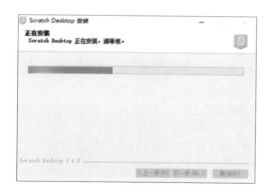

安装完毕后，桌面上会自动生成一个用于启动 Scratch 离线版的快捷方式。

Scratch 的界面构成

为了能够熟练地操作和使用 Scratch，我们需要先对 Scratch 的界面进行较为全面的了解。Scratch 的界面主要由菜单栏、标签栏、选项卡（图中显示的是"代码"选项卡）、舞台区、角色列表和舞台设置区几个部分组成。

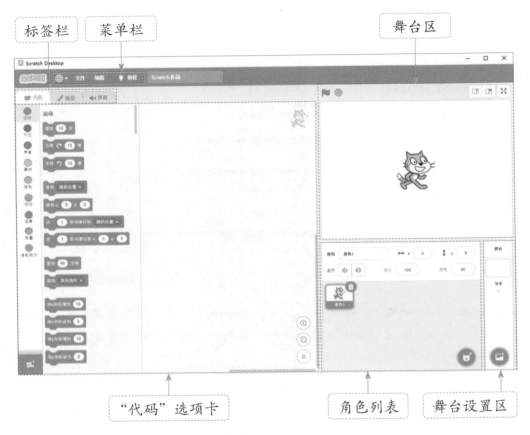

菜单栏

和大多数图形化应用程序一样，Scratch 也有一个菜单栏，它位于界面的顶部，包含"语言切换"按钮 ⊕ 和"文件""编辑""教程"3 组菜单命令。

"语言切换"按钮 ⊕ 用于切换界面的显示语言。"文件"菜单包含新建作品、

打开作品、保存作品等功能。"编辑"菜单用于恢复误删的角色及开启/关闭程序运行的加速模式。"教程"菜单用于观看 Scratch 视频教程。

标签栏

当在角色列表中选中一个角色时，标签栏会显示"代码""造型""声音"3个标签；当在舞台设置区选中舞台背景时，标签栏则会显示"代码""背景""声音"3 个标签。单击不同的标签，就会展开对应的选项卡。

选项卡

选项卡与标签栏中的标签一一对应，下面分别介绍。

"代码"选项卡

默认情况下，界面中自动展示的是"代码"选项卡，它分为积木区和脚本区两个部分。

积木区

Scratch 的核心积木块都放置在积木区。核心积木块分为 9 大模块，并用不同的颜色进行区分。在积木区左侧选择某个模块，在积木区右侧就会显示该模块下的所有积木块。下面简单介绍各个模块的主要功能。

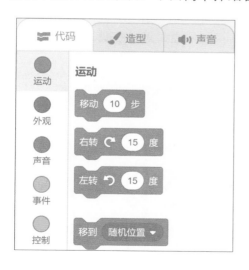 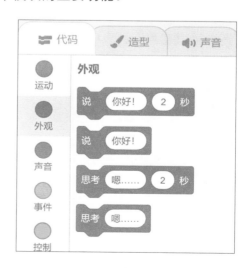

◎ "运动"模块

"运动"模块主要用于控制角色的位置、移动、旋转和朝向等。

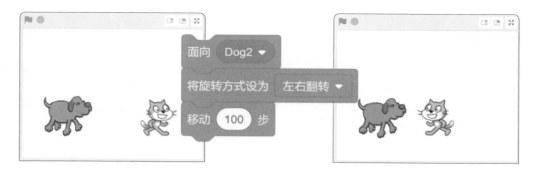

◎ "外观"模块

"外观"模块主要用于控制角色
的造型、大小、显隐、话语、特效等。

◎ "声音"模块

"声音"模块用于为角色或场景添加音乐效果。如果声音库中没有需要的
声音,可以在声音列表中选择"录制"选项,然后通过连接在计算机上的麦克
风自行录制声音。

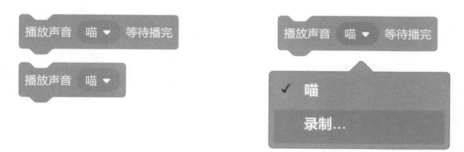

◎ "事件"模块

"事件"模块主要用于控制脚本的触发方式,如单击▶运行脚本、单击角
色运行脚本等。

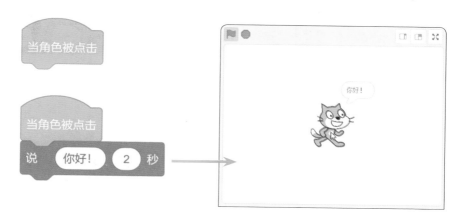

◉ "控制"模块

"控制"模块用于控制脚本的运行方式、脚本的停止及角色的克隆，如重复执行某步骤、根据条件是否成立决定接下来的动作等。

◉ "侦测"模块

"侦测"模块主要用于监测角色的状态及键盘和鼠标的操作，如监测角色与鼠标的距离、监测键盘上的某个键是否被按下等。

💡 小提示

运行积木块

每个模块都包含多个积木块，可以双击某个积木块来运行它。如果需要运行多个积木块，则将这些积木块拖动到脚本区，然后在脚本区单击积木块，每单击一次就运行一次。

◉ "运算"模块

"运算"模块主要用于完成数学运算（如加、减、乘、除、求余数、求平方根）、比较运算（如 >、<、=）及逻辑运算（如"与""或""不成立"）。

◎ "变量"模块

"变量"模块用于完成变量和列表的创建与设置等操作。变量和列表都是用于存储数据的。变量中只能存储一个值，在程序运行过程中可以改变变量的值。列表则可以理解为变量的集合，它能存储多个值。在程序中可以设定在舞台上显示或隐藏变量和列表。

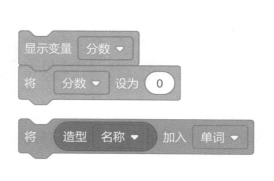

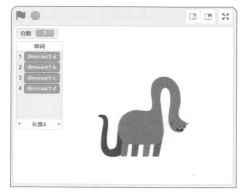

◎ "自制积木"模块

"自制积木"模块类似于一般程序设计语言中的过程或函数，用于创建自定义功能的积木块。自制积木块可以使程序变得更简洁、易懂。

小提示

扩展模块

除了 9 大核心模块，还有一些模块被存储在扩展模块中，如"文字朗读""翻译"等。可以通过单击界面左下角的"添加扩展"按钮将扩展模块添加到积木区。

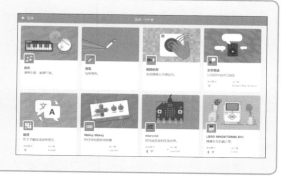

脚本区

脚本区是界面中非常重要的一个区域，程序中所有控制角色或背景的功能都需要通过在脚本区组合不同的积木块来实现。

脚本区右上方显示了当前选中角色的缩略图，表明正在为哪个角色编写脚本；右下方的 3 个按钮分别用于放大显示积木块、缩小显示积木块和以默认大小显示积木块。

角色缩略图

单击"放大"按钮，放大显示积木块

单击"缩小"按钮，缩小显示积木块

单击"还原"按钮，以默认大小显示积木块

"造型" / "背景" 选项卡

"造型"选项卡用于为角色添加和编辑造型，"背景"选项卡则用于为程序添加和编辑背景。

角色造型

一个角色可以拥有多个不同的造型，但在舞台上只能展示其中一个造型。在角色列表中选中一个角色，单击"造型"标签即可展开"造型"选项卡。在选项卡左侧的造型列表中显示了当前角色的所有造型，在其中选择不同的造型时，造型编辑器和舞台中所显示的角色造型就会随之变化。

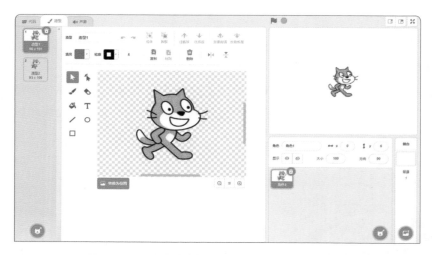

❶ 单击造型

❷ 显示所选造型

　　除了已有的造型，我们还可以为角色添加新造型。"造型"选项卡提供了多种添加造型的方式，分别为从造型库选取、自己绘制、随机选取、从本地计算机选取、通过摄像头拍摄。

　　将鼠标指针移动到造型列表下方的"选择一个造型"按钮上，在弹出的列表中选择一种添加造型的方式。如果直接单击"选择一个造型"按钮，则会弹出"选择一个造型"界面，在造型库中选择要添加的造型，该造型就会显示在造型列表中。

舞台背景

　　在舞台设置区选中舞台背景，"造型"标签就会变成"背景"标签，单击该标签将展开"背景"选项卡。一个新的 Scratch 作品默认会包含一个白色的舞台背景。为了营造更丰富的舞台效果，大多数作品都需要添加其他背景。添加背景后，可以通过"背景"选项卡编辑添加的背景图像。

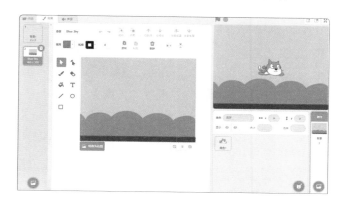

"声音"选项卡

声音能让程序变得更加生动有趣。通过"声音"选项卡可以管理角色或舞台背景播放的声音。位于"声音"选项卡左侧的是声音列表,其中显示了为当前角色或舞台背景添加的声音。在声音列表中选中一个声音,就可以在右侧的声音编辑器中编辑该声音。

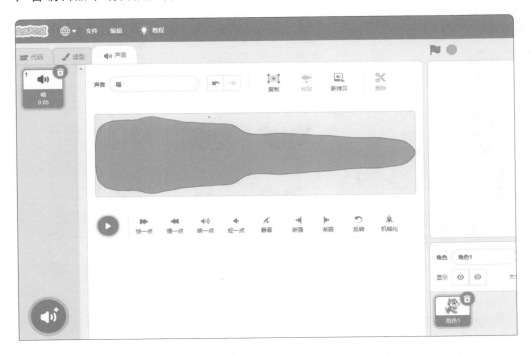

单击"选择一个声音"按钮

选择一个声音

舞台区

舞台区是展示程序运行效果的区域，使用 Scratch 创建的动画、游戏等作品的运行效果都将在舞台区呈现出来。舞台区左上角的按钮用于运行和停止程序，右上角的按钮用于切换舞台区的显示方式。

舞台区是一个高 360、宽 480 的长方形。更准确地说，它是一个坐标系，x 轴的范围是 −240 到 240，y 轴的范围是 −180 到 180，原点即舞台中心点，坐标为（0，0）。

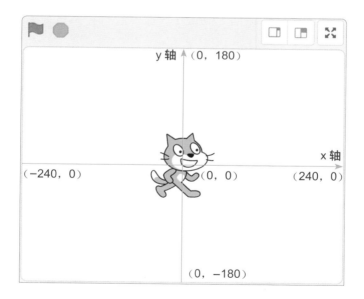

小提示

以全屏模式观看运行效果

单击 ✕ 按钮，将以全屏模式观看运行效果。若要退出全屏模式，则单击 ✕ 按钮，或者按下 Esc 键。

角色列表

角色列表是添加和设置角色的区域，其中显示了作品中所有角色的缩略图。每个新创建的作品中都会默认添加一个小猫角色，我们可以利用角色列表右下角的"选择一个角色"按钮为当前作品添加新的角色。

添加角色库中的角色

Scratch 的角色库包含多种角色，分为"动物""人物""奇幻"等 9 大类。我们可以根据需要将这些角色添加到当前作品中。

单击角色列表右下角的"选择一个角色"按钮，在打开的"选择一个角色"界面中单击要添加的角色，返回 Scratch 界面，即可在角色列表中看到新添加的角色。

① 单击角色分类

② 单击要添加的角色

③ 显示添加的角色

添加自定义的角色

如果对角色库中的角色不满意，我们也可以添加自定义的角色。

将鼠标指针移到"选择一个角色"按钮上，在弹出的列表中单击"上传角色"按钮，然后在弹出的"打开"对话框中单击要添加的角色素材，再单击"打开"按钮，即可将该角色添加到角色列表。

① 将鼠标指针移到"选择一个角色"按钮 上

上传角色

② 单击"上传角色"按钮

③ 单击要添加的角色素材

④ 单击"打开"按钮

小提示

设置角色的属性

单击角色列表中已添加的角色，然后在其上方的"角色""x""y""大小"等文本框中输入相应的文字或数值，即可调整角色的名称、坐标位置、大小等属性，如右图所示。

绘制角色

除了添加角色库中的角色和上传自定义角色，还可以使用 Scratch 提供的绘图工具绘制角色。使用这种方式添加的角色更便于修改和调整造型。

将鼠标指针移到"选择一个角色"按钮上，在弹出的列表中单击"绘制"按钮，随后会展开"造型"选项卡，在工具栏中选择绘图工具，然后在绘图区中绘制想要的角色造型。

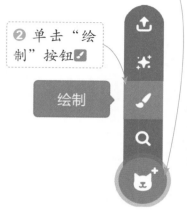

❶ 将鼠标指针移到"选择一个角色"按钮 上

❷ 单击"绘制"按钮

绘制

❸ 结合多个工具绘制出角色造型

删除角色

如果角色列表中有某个角色是多余的，可以选中这个角色，然后单击角色右上角的"删除"按钮将其删除，被删除的角色将不再显示在角色列表和舞台中。

❶ 选中角色，单击角色右上角的"删除"按钮

❷ 角色列表中不再显示该角色

舞台设置区

舞台设置区位于角色列表右侧，是设置舞台背景的区域，选中背景后该区域呈蓝色突出显示。单击舞台设置区下方的"选择一个背景"按钮，即可添加

舞台背景。舞台背景的添加与设置方式和角色的添加
与设置方式比较相似，这里不再详细介绍。

积木块的基本操作

在 Scratch 中，每个积木块相当于角色表演的分解动作，由积木块组成的
脚本则相当于指挥角色进行表演的剧本。为了让角色做出连续的动作，就需要
把多个积木块从积木区拖动到脚本区，并将它们组合起来。

添加 / 删除积木块

添加和删除积木块是编写脚本的核心操作。添加积木块就是将积木块移到
脚本区，而删除积木块则是将积木块从脚本区移除。

添加积木块

选中要编写脚本的角色或舞台背景，在积木区找到要添加的积木块后，将
该积木块拖动到脚本区，即可在脚本区添加该积木块。同一个积木块可以被多
次添加到脚本区。

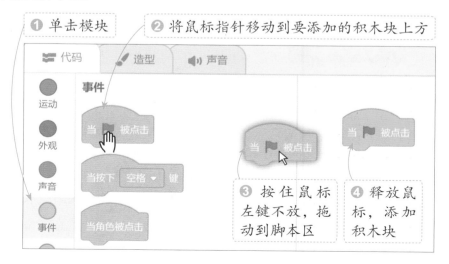

📖 删除积木块

当不再需要某个积木块时，将该积木块拖动到积木区的任意位置，释放鼠标，即可将该积木块从脚本区删除。需要注意的是，如果拖动的积木块下方还连接着其他积木块，则这些积木块也会被一起删除。

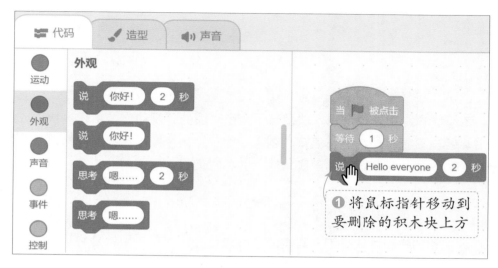

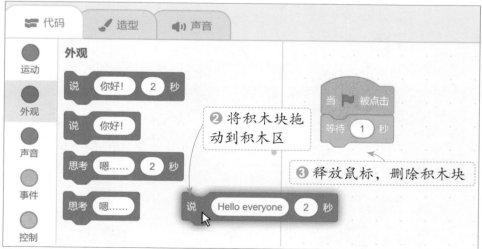

如果要删除连接在一起的多个积木块当中的某个积木块，则右击要删除的积木块，在弹出的快捷菜单中单击"删除"命令。

如果不小心误删了积木块，可以按下快捷键 Ctrl+Z，将误删的积木块恢复到脚本区。

❶ 右击积木块

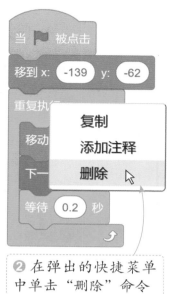

❷ 在弹出的快捷菜单中单击"删除"命令

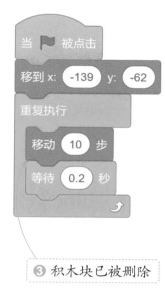

❸ 积木块已被删除

小提示

查看和编辑角色的脚本、造型和声音

　　在角色列表中单击一个角色的缩略图或在舞台上双击一个角色，该角色即被选中，并在角色列表中以蓝色突出显示。此时可分别在"代码""造型""声音"选项卡下查看和编辑该角色的脚本、造型和声音。

复制积木块

　　如果需要使用多个相同的积木块，重复地拖动添加积木块就显得有些烦琐，这时可以通过复制积木块的方式来快速达到目的。右击需要复制的积木块，在弹出的快捷菜单中单击"复制"命令，鼠标指针旁边便会出现复制积木块的预览图，在脚本区的任意位置单击，即可实现积木块的复制。

❶ 右击积木块

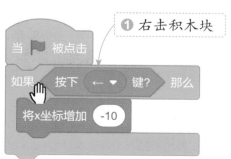

❷ 在弹出的快捷菜单中单击"复制"命令

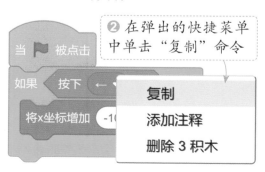

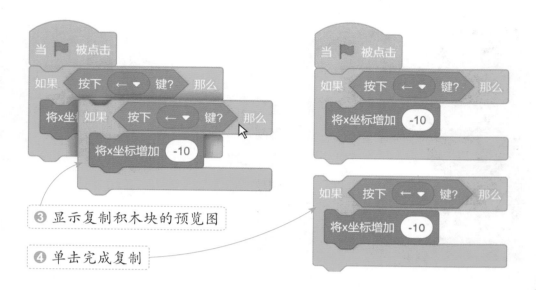

❸ 显示复制积木块的预览图

❹ 单击完成复制

小提示

在角色之间复制积木块

　　有时程序中的两个角色的脚本是相同或相似的，那么在编写完其中一个角色的脚本后，可以将编写好的脚本复制到另一个角色中，再根据需要稍加修改，这样可以大大提高编程的效率。在角色之间复制积木块的方法为：在"代码"选项卡下找到要复制的积木块，用鼠标将其向角色列表中拖动，放在目标角色的缩略图上方，当目标角色的缩略图开始抖动时，释放鼠标，就完成了积木块的复制。

组合积木块

　　Scratch 之所以能够编写出很多有趣的动画和游戏，靠的就是对积木块的组合。积木块的组合方式有层叠、嵌套和镶嵌 3 种。

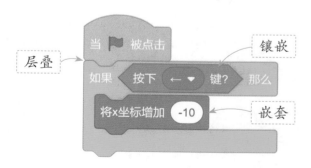

　　以层叠为例，将一个积木块拖向另一个目标积木块，如果两个积木块可以层叠在一起，那么目标积木块的上方或下方就会出现灰色的组合提示区，释放鼠标，两个积木块就会自动以层叠的方式组合在一起。

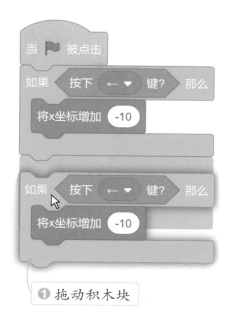

❶ 拖动积木块

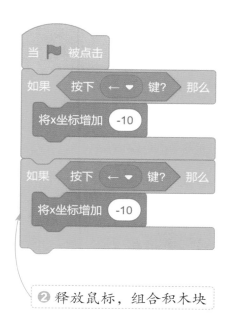

❷ 释放鼠标，组合积木块

拆分 / 插入积木块

在 Scratch 中编写脚本时，经常会需要拆分组合好的积木块，或者在组合好的积木块中间插入新的积木块。

拆分积木块

拆分积木块是指分离组合好的积木块。将鼠标指针移到要拆分的积木块上，单击并拖动即可拆分积木块。

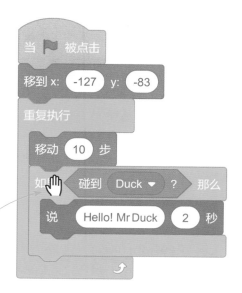

❶ 将鼠标指针移到要拆分的积木块上

31

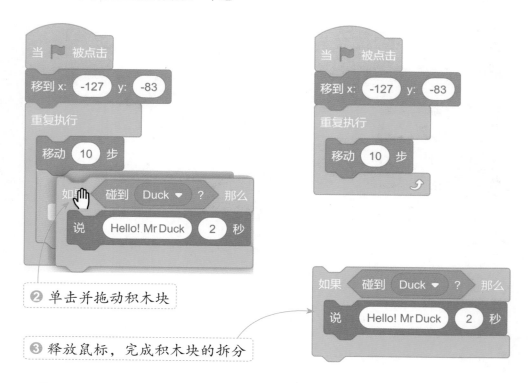

❷ 单击并拖动积木块

❸ 释放鼠标，完成积木块的拆分

小提示

整理脚本区的积木块

在编写脚本的过程中，脚本区的积木块会越来越多。如果觉得脚本区的积木块摆放得太凌乱，可以右击脚本区的空白处，在弹出的快捷菜单中执行"整理积木"命令，Scratch 就会将脚本区的积木块自动从上到下排列整齐。

插入积木块

对于已经组合好的积木块，我们还可以在其中插入新的积木块。在积木区选择需要插入的积木块，然后将它拖动到需要插入的位置，释放鼠标，就能完成积木块的插入。

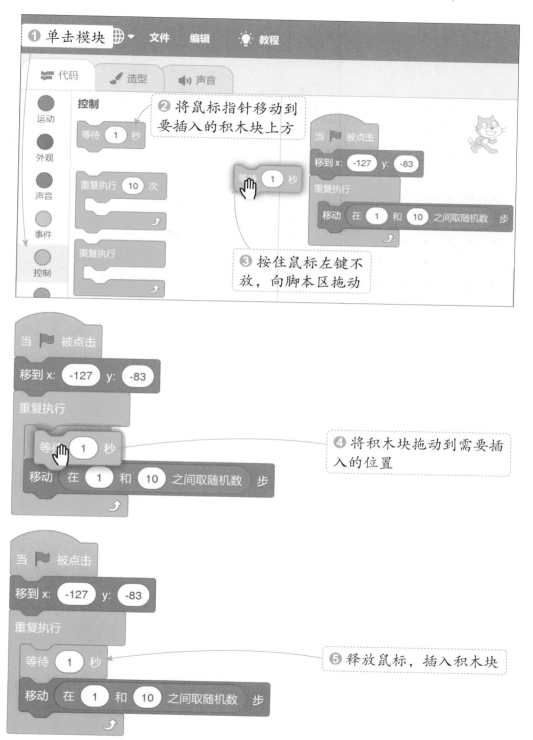

作品的保存与打开

用 Scratch 制作作品的过程中，我们应注意及时将作品保存到计算机中，以避免因突然断电或操作失误造成作品的丢失。在 Scratch 中执行"文件 > 保存到电脑"菜单命令，在弹出的"另存为"对话框中指定作品的保存位置和文件名，再单击"保存"按钮，就能将作品保存到指定位置。保存好的作品文件以 .sb3 为扩展名。

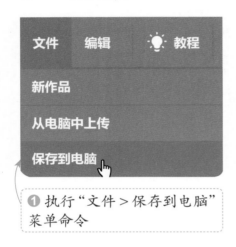

① 执行"文件 > 保存到电脑"菜单命令

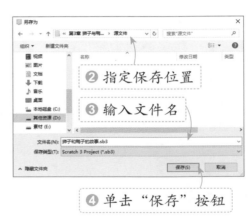

② 指定保存位置

③ 输入文件名

④ 单击"保存"按钮

如果需要对计算机中保存的 Scratch 作品进行运行或修改，不能直接双击相应的 .sb3 文件，而是需要按如下步骤操作：启动 Scratch，执行"文件 > 从电脑中上传"菜单命令，在弹出的"打开"对话框中选择要打开的 .sb3 文件，再单击"打开"按钮。

① 执行"文件 > 从电脑中上传"菜单命令

② 选择要打开的文件

③ 单击"打开"按钮

第 2 章
鼠标触发
——数一数

游戏中最简单的交互方式就是玩家用键盘或鼠标做出操作，计算机给出相应的反应，如显示图像、发出声音等。下面就来制作一个由鼠标触发的点读游戏"数一数"。

设计思路

这个游戏会在界面中显示一些阿拉伯数字，玩家用鼠标单击某个数字，游戏程序就会在界面中显示这个数字的英文单词，并朗读出来。

📖 设置数字的初始位置和大小

既然这个游戏是关于数字的，那么数字角色自然是必不可少的。添加数字角色1～10，在游戏刚开始时，先利用"移到x:（）y:（）"积木块将数字依次排列在舞台两侧，再利用"将大小设为（）"积木块设置数字的初始大小。

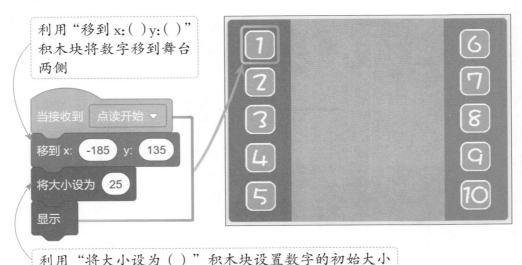

利用"移到x:（）y:（）"积木块将数字移到舞台两侧

利用"将大小设为（）"积木块设置数字的初始大小

📖 设置鼠标单击触发的操作

当单击数字时，数字就会移动到舞台中间并放大显示，同时还要朗读出数字对应的英文单词，在等待一定的时间后，再将数字移回初始位置，并还原至初始大小。

要实现数字位置和大小的变化，同样需要利用"移到 x：（ ）y：（ ）"积木块和"将大小设为（ ）"积木块。要让角色发声，则要利用"文字朗读"扩展模块下的"朗读（ ）"积木块。

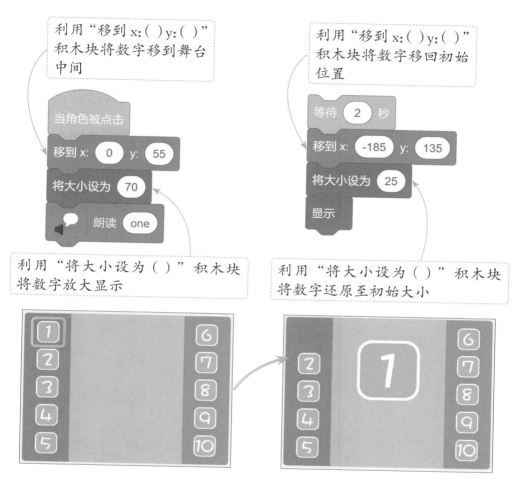

根据鼠标单击的对象显示特定角色

这个游戏除了可以让小朋友学习数字的英文单词的发音，还可以让小朋友学习单词的拼写。因此，单击数字后，在舞台中间还要显示该数字对应的英文单词，这一效果主要通过广播消息和接收消息来实现。完成朗读后，广播特定的消息，数字对应的单词角色接收到广播的消息，就会显示在放大的数字下方。

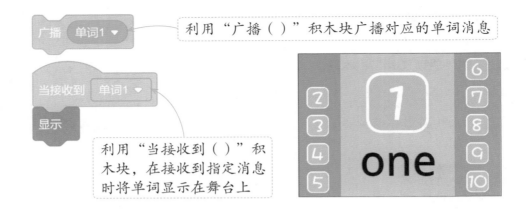

利用"广播（ ）"积木块广播对应的单词消息

利用"当接收到（ ）"积
木块，在接收到指定消息
时将单词显示在舞台上

步骤详解

通过前面的分析，我们掌握了整个案例的设计思路及主要会用到的积木块，接下来详细讲解制作的步骤。

I 创建新作品。上传自定义的"点读"和"开始"背景，然后删除默认的"背景 1"背景。

上传背景

❷ 按住 Ctrl 键依次单击"点读"和"开始"素材图像

❶ 单击"上传背景"按钮 📤

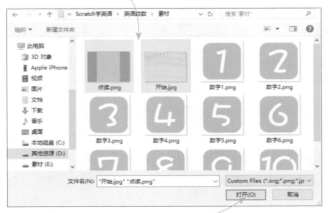

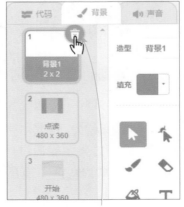

❸ 单击"打开"按钮

❹ 选中"背景 1"，单击右上角的"删除"按钮 🗑，删除"背景 1"

2 为添加的背景编写脚本。当单击舞台左上角的 ▶ 按钮时，切换为"开始"背景。

❶ 添加"事件"模块下的"当▶被点击"积木块

❷ 添加"外观"模块下的"换成（开始）背景"积木块

3 当接收到"点读开始"消息时，切换为"点读"背景。

❶ 添加"事件"模块下的"当接收到（ ）"积木块

❷ 单击下拉按钮，在展开的列表中选择"新消息"选项

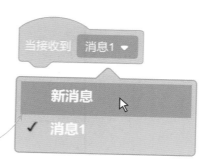

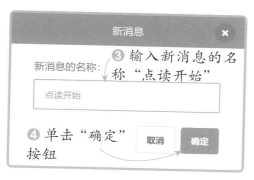

❸ 输入新消息的名称"点读开始"

❹ 单击"确定"按钮

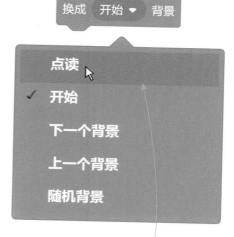

❺ 添加"外观"模块下的"换成（ ）背景"积木块

❻ 单击下拉按钮，在展开的列表中选择"点读"选项

4 删除默认的小猫角色，以绘制的方式创建"标题"角色。使用"文本"工具输入绿色的标题文字，并适当调整角色的位置。

绘制

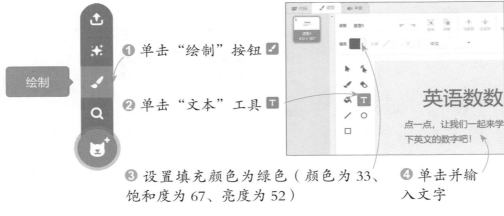

❶ 单击"绘制"按钮

❷ 单击"文本"工具 T

❸ 设置填充颜色为绿色（颜色为 33、饱和度为 67、亮度为 52）

❹ 单击并输入文字

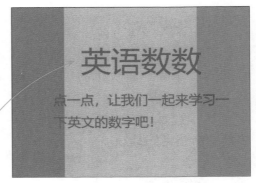

❺ 输入角色名"标题"，坐标 x 和 y 均为 0

❻ 在舞台中显示设置后的"标题"角色

小提示

调整输入文字的大小

　　使用"文本"工具在绘图区输入文字后，可以调整文字的大小。使用"选择"工具 单击选中文字，然后将鼠标指针置于编辑框任意一边或转角位置，单击并拖动即可调整文字大小。

5 上传自定义的"数字 1"至"数字 10"角色，再选中"数字 1"角色，调整角色的位置和大小。

❶ 单击"上传角色"按钮 ⬆

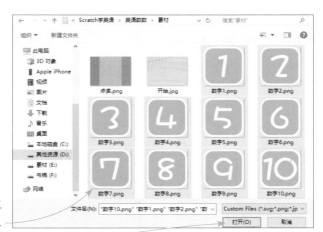

❷ 按住 Ctrl 键依次单击"数字 1"至"数字 10"素材图像

❸ 单击"打开"按钮

❹ 输入角色的坐标 x 为 −185、y 为 135, 大小为 25

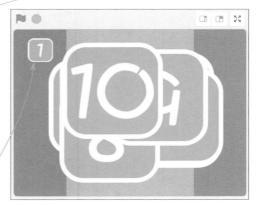

❺ 查看设置后的角色

6 在角色列表中分别选中"数字 2"至"数字 10"角色,调整它们的位置和大小。

| 角色 | 数字5 | x | -185 | y | -135 |
| 大小 | 25 | 方向 | 90 | | |

| 角色 | 数字6 | x | 185 | y | 135 |
| 大小 | 25 | 方向 | 90 | | |

| 角色 | 数字7 | x | 185 | y | 68 |
| 大小 | 25 | 方向 | 90 | | |

| 角色 | 数字8 | x | 185 | y | 1 |
| 大小 | 25 | 方向 | 90 | | |

| 角色 | 数字9 | x | 185 | y | -67 |
| 大小 | 25 | 方向 | 90 | | |

| 角色 | 数字10 | x | 185 | y | -135 |
| 大小 | 25 | 方向 | 90 | | |

7 以绘制的方式创建"one"角色，使用"文本"工具输入数字 1 对应的英文单词 one。

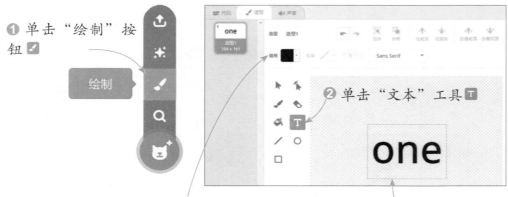

❶ 单击"绘制"按钮 ✎

❷ 单击"文本"工具 T

❸ 设置填充颜色为黑色（颜色为 0、饱和度为 100、亮度为 0）　❹ 输入文字"one"

8 在角色列表中设置"one"角色的位置。使用相同的方法分别创建数字 2~10 对应的单词角色，并为它们设置相同的位置。

❶ 设置角色的位置

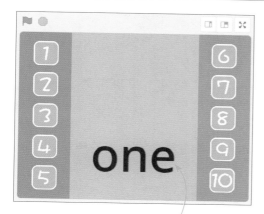

❷ 在舞台上显示角色效果

❸ 创建其余角色，并相应调整角色 的名称、文字内容、位置等属性

9 选中"标题"角色，为其编写脚本。当单击舞台左上角的 ▶ 按钮时，显 示该角色。

❶ 添加"事件"模块下的 "当▶被点击"积木块

❷ 添加"外观"模块下 的"显示"积木块

10 等待 10 秒后，广播"点读开始"消息，并隐藏角色。

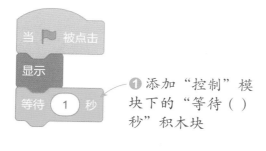

❶ 添加"控制"模 块下的"等待( ) 秒"积木块

❷ 将"等待( )秒" 积木块框中的数值 更改为 10

43

❸ 添加"事件"模块下的"广播（点读开始）"积木块

❹ 添加"外观"模块下的"隐藏"积木块

11 选中"数字1"角色，为其编写脚本。当单击舞台左上角的▶按钮时，隐藏该角色。

❶ 添加"事件"模块下的"当▶被点击"积木块

❷ 添加"外观"模块下的"隐藏"积木块

12 当接收到"点读开始"消息时，将角色移到左上角位置，设置大小为25，并显示角色。

❶ 添加"事件"模块下的"当接收到（点读开始）"积木块

❷ 添加"运动"模块下的"移到 x：（-185）y：（135）"积木块

❸ 添加"外观"模块下的"将大小设为（）"积木块

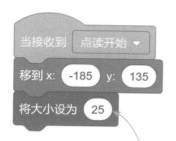

❹ 把"将大小设为（ ）"积木块框中的数值更改为 25

❺ 添加"外观"模块下的"显示"积木块

 当单击角色时，将角色移到舞台中间位置。

❶ 添加"事件"模块下的"当角色被点击"积木块

❷ 添加"运动"模块下的"移到 x：（ ）y：（ ）"积木块

❸ 将"移到 x：（ ）y：（ ）"积木块框中的数值分别更改为 0 和 55

 放大显示舞台中的"数字 1"角色，并让角色朗读数字 1 对应的英文单词 one。

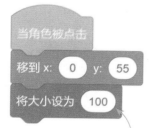

❶ 添加"外观"模块下的"将大小设为（ ）"积木块

❷ 把"将大小设为（ ）"积木块框中的数值更改为 70

❸ 添加"文字朗读"模块下的"朗读（ ）"积木块

❹ 将"朗读（ ）"积木块框中的文字更改为"one"

15 朗读完毕后，广播"单词1"消息。

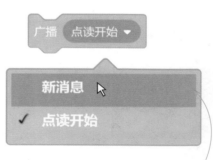

❶ 添加"事件"模块下的"广播（ ）"积木块

❷ 单击下拉按钮，在展开的列表中选择"新消息"选项

❸ 输入新消息的名称"单词1"

❹ 单击"确定"按钮

16 等待 2 秒后，将舞台中间的"数字 1"角色移回初始位置，并恢复初始大小。使用相同的方法编写其余数字角色的脚本（还可以直接复制积木组），只需要修改朗读的英文单词及广播的消息即可。

❶ 添加"控制"模块下的"等待（）秒"积木块

❷ 将"等待（）秒"积木块框中的数值更改为 2

❸ 在步骤 12 完成的脚本中右击"移到 x：（）y：（）"积木块，在弹出的快捷菜单中单击"复制"命令

❹ 在"等待（2）秒"积木块下方单击粘贴复制的积木组

 选中数字 1 对应的 "one" 角色，为其编写脚本。当单击舞台左上角的
▶ 按钮时，隐藏该角色。

❶ 添加 "事件" 模块下的 "当 ▶ 被
点击" 积木块

❷ 添加 "外观" 模块下的
"隐藏" 积木块

 当接收到 "单词 1" 消息时，显示角色。

❶ 添加 "事件" 模块下的 "当接收
到（单词 1）" 积木块

❷ 添加 "外观" 模块下的 "显示"
积木块

 等待一定的时间，当 "数字 1" 角色回到舞台左上角时，隐藏 "单词 1"
角色。使用相同的方法编写其他单词角色的脚本（还可以直接复制积木
组），只需要更改每个单词角色接收到的消息即可。

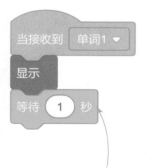

❶ 添加 "控制" 模块
下的 "等待（）秒" 积
木块

❷ 将 "等待（）秒"
积木块框中的数值更
改为 1.92

❸ 添加 "外观" 模块
下的 "隐藏" 积木块

　　到这里，这个小游戏就制作完成了，小朋友们学会了吗？开动脑筋想一想，
我们还能用什么内容来制作这类点读游戏呢？通过单击图形来拼读单词？通过
单击题目来朗读古诗？期待小朋友们制作出更有创意的作品。

第3章
颜色触发
——动画小故事

　　爱听故事是孩子的天性，而动画能将故事以更形象、更有趣的方式"讲"出来。Scratch 可以帮助我们快速创建故事中的角色，并通过编程来控制角色之间的互动，制作出声情并茂的多媒体动画小故事。

设计思路

　　《The Lion And The Duck》讲述了一只鸭子因为自己的粗心大意而被狮子吃掉的故事。先用动画呈现出一只在森林中散步的狮子及一只在湖里游动的鸭子，当狮子看到鸭子后开始对话，对话的内容以文字和语音两种形式同时呈现，当鸭子被骗到湖边时，会被狮子吃掉。

📖 利用颜色控制角色的行为

　　首先在程序中添加狮子和鸭子角色，在它们进行对话前，狮子会在森林中不停地走动，而鸭子则会在湖里慢慢地游动。因为狮子和鸭子都要反复执行移动操作，所以需要用到循环语句。

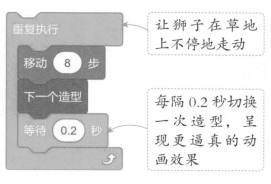

让狮子在草地上不停地走动

每隔 0.2 秒切换一次造型，呈现更逼真的动画效果

让鸭子慢慢向湖边游动，直到碰到湖边为止

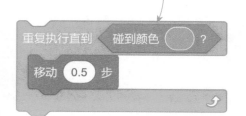

　　当狮子移动到湖边时，就会看到湖里的鸭子，并且想要吃了它。这里应用"侦测"模块下的"碰到颜色（）？"积木块来判断狮子是否走到湖边。

添加"碰到颜色（）？"积木块，将颜色设置为湖边泥土的颜色，判断狮子是否走到湖边

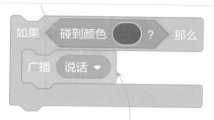

如果条件为真，表示狮子已经走到湖边，这时广播"说话"消息

角色间的互动对话

　　当狮子和鸭子接收到"说话"消息时，开始对话。狮子告诉鸭子有一个好消息要悄悄地说给它听，将鸭子骗到湖边。这两个角色的对话效果主要使用"说（）（）秒"和"朗读（）"积木块来实现，其中"说（）（）秒"积木块在舞台上以文字形式显示对话内容，"朗读（）"积木块则以语音形式读出对话内容。在对话过程中利用"等待（）秒"积木块合理调节等待时间，让对话的衔接更加自然。

利用"说（）（）秒"积木块依次显示说话内容

利用"朗读（）"积木块依次朗读说话内容

当角色触碰时隐藏角色

对话完毕后，鸭子会游向狮子，当它游到狮子面前时，狮子就会毫不犹豫地将它吃掉。鸭子游向狮子的效果主要利用"在（）秒内滑行到（）"积木块来实现，鸭子被狮子吃掉的效果则主要利用"如果……那么……"积木块和"碰到（）？"积木块来实现。

利用"在（）秒内滑行到（）"积木块，让鸭子在指定时间内移动到狮子所在位置

利用"碰到（）？"积木块判断鸭子是否碰到了狮子

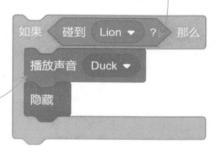

如果条件为真，即鸭子碰到狮子，则播放被吃掉的音效，再将鸭子隐藏起来，制造出鸭子被吃掉的效果

步骤详解

通过前面的分析，我们掌握了整个案例的设计思路及主要会用到的积木块，接下来详细讲解制作的步骤。

1 创建新作品，添加背景库中的"Blue Sky"背景。

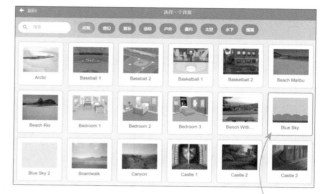

❶ 单击"选择一个背景"按钮 🖼️

❷ 单击"Blue Sky"背景

2 删除默认的"背景1"背景，上传自定义的"森林"背景。

❶ 选中"背景1"，单击"删除"按钮 🗑️，删除"背景1"

❷ 单击"上传背景"按钮 📤

上传背景

❸ 单击"森林"素材图像

❹ 单击"打开"按钮

3 删除默认的小猫角色，以绘制的方式创建"角色 1"角色。用"文本"
工具在绘图区输入介绍故事背景的文字，并调整角色的位置。

❶ 单击"绘制"按钮

❷ 单击"文本"工具

❸ 设置填充颜色为黑色　　　❹ 输入文字

❺ 设置角色坐标 x 和 y 均为 0

❻ 在舞台上显示绘制的角色

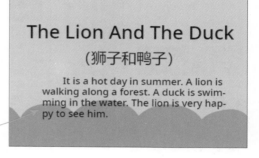

The Lion And The Duck
(狮子和鸭子)

It is a hot day in summer. A lion is walking along a forest. A duck is swimming in the water. The lion is very happy to see him.

4 为背景编写脚本。当单击舞台
左上角的 ▶ 按钮时，切换为
"Blue Sky"背景。

❶ 添加"事件"模块下的"当 ▶ 被
点击"积木块

❷ 添加"外观"模块下的"换成（ ）
背景"积木块

❸ 单击下拉按钮，在展开的列表中
选择"Blue Sky"选项

 当接收到"情景"消息时，切换为"森林"背景。

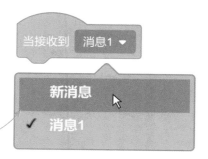

❶ 添加"事件"模块下的"当接收到（ ）"积木块

❷ 单击下拉按钮，在展开的列表中选择"新消息"选项

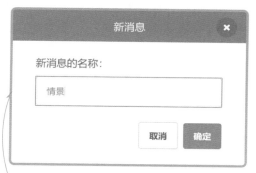

❸ 输入新消息的名称"情景"，单击"确定"按钮

❹ 添加"外观"模块下的"换成（森林）背景"积木块

6 添加角色库中的"Lion"角色。

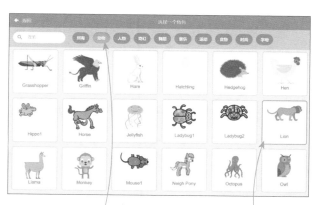

❶ 单击"选择一个角色"按钮

❷ 单击"动物"标签

❸ 单击"Lion"角色

7 上传自定义的"Duck"角色。

❶ 单击"上传角色"
按钮 ⬆

❷ 单击"Duck"素材图像

❸ 单击"打开"按钮

8 在角色列表中分别选中"Lion"和"Duck"角色，设置角色的位置、大
小和方向等属性。

❶ 设置"Lion"角色的坐标 x 为 −196、
y 为 −10，大小为 80，方向为 90

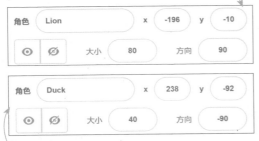

❷ 设置"Duck"角色的坐标 x 为 238、
y 为 −92，大小为 40，方向为 −90

❸ 在舞台中显示设置的角色效果

9 选中"角色 1"角色，为其编写脚本。当单击舞台左上角的 🏳 按钮时，
显示该角色。

❶ 添加"事件"模块
下的"当 🏳 被点击"
积木块

❷ 添加"外观"模
块下的"显示"积
木块

10 在积木区添加"文字朗读"扩展模块。

❶ 单击"添加扩展"按钮

❷ 单击"文字朗读"扩展模块

11 结合运用"使用（ ）嗓音"和"朗读（ ）"积木块，让角色朗读故事的标题。

❶ 添加"文字朗读"模块下的"使用（中音）嗓音"积木块

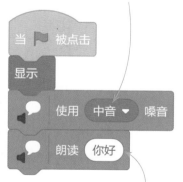

❷ 添加"文字朗读"模块下的"朗读（ ）"积木块

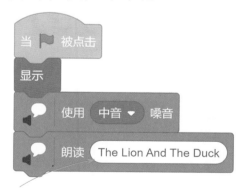

❸ 将"朗读（ ）"积木块框中的文字更改为"The Lion And The Duck"

12 等待 1 秒后，让角色继续朗读"It is a hot day in summer."。使用相同的方法添加更多积木块，完成故事背景的朗读。

❶ 添加"控制"模块下的"等待（1）秒"积木块

❷ 添加"文字朗读"模块下的"朗读（ ）"积木块，将积木块框中的文字更改为"It is a hot day in summer."

❸ 添加更多"等待（1）秒"和"朗读（ ）"积木块，分别更改"朗读（ ）"积木块框中的文字，完成故事背景的朗读

13 朗读完成后，隐藏角色，并广播"情景"消息。

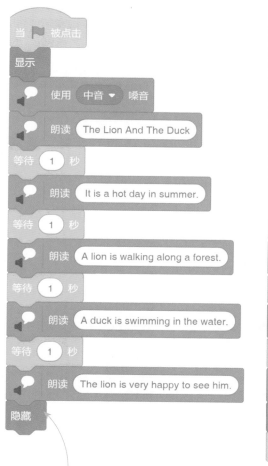 

❶ 添加"外观"模块下的"隐藏"积木块

❷ 添加"事件"模块下的"广播（情景）"积木块

14 选中"Lion"角色，为其编写脚本。当单击舞台左上角的▶按钮时，隐藏该角色。

❶ 添加"事件"模块下的"当▶被点击"积木块

❷ 添加"外观"模块下的"隐藏"积木块

15 当接收到"情景"消息时，将角色移到舞台左侧，并显示角色。

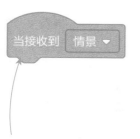

❶ 添加"事件"模块
下的"当接收到（情
景）"积木块

❷ 添加"运动"模块
下的"移到 x:（-196）
y:（-10）"积木块

❸ 添加"外观"模块
下的"显示"积木块

16 设置无限循环，让狮子在舞台中不断移动。

❶ 添加"控制"模块
下的"重复执行"积
木块

❷ 添加"运动"模块
下的"移动（）步"
积木块

❸ 将"移动（）步"
积木块框中的数值更
改为 8

17 为使狮子的移动效果更加逼真，让角色每隔 0.2 秒就切换一次造型。

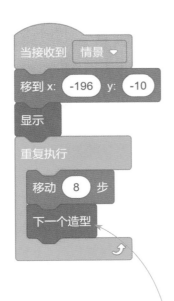

❶ 添加"外观"模块下的"下一个造型"积木块

❷ 添加"控制"模块下的"等待（0.2）秒"积木块

18 当狮子碰到湖边的地面时，广播"说话"消息，并停止脚本的运行。

❶ 添加"控制"模块下的"如果……那么……"积木块

❷ 将"侦测"模块下的"碰到颜色（）？"积木块拖动到"如果……那么……"积木块的条件框中

❸ 单击"碰到颜色（）？"积木块的颜色框

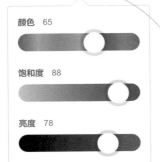

❹ 在弹出的"拾色器"面板中单击"吸管"工具📝

⑤ 在舞台背景图像上单击，吸取颜色

⑥ 添加"事件"模块下的"广播（ ）"积木块

⑦ 单击下拉按钮，在展开的列表中选择"新消息"选项

⑧ 输入新消息的名称"说话"，单击"确定"按钮

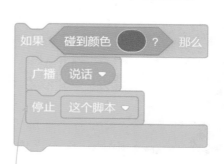

⑨ 添加"控制"模块下的"停止（这个脚本）"积木块

19 当狮子接收到"说话"消息时，心里想着"Aha, there is my lunch."。

❶ 添加"事件"模块下的"当接收到（ ）"积木块

❷ 单击下拉按钮，在展开的列表中选择"说话"选项

❸ 添加"外观"模块下的"思考（ ）（2）秒"积木块

❹ 将"思考（ ）（2）秒"积木块第1个框中的文字更改为"Aha, there is my lunch."

20 让狮子对鸭子说出"Hello, Mr Duck!"。

❶ 添加"外观"模块下的"说（ ）（2）秒"积木块

❷ 将"说（ ）（2）秒"积木块第1个框中的文字更改为"Hello, Mr Duck!"

21 等待 2 秒，让狮子继续说"I have good news for you."。

❶ 添加"控制"模块下的"等待（ ）秒"积木块

❷ 将"等待（ ）秒"积木块框中的数值更改为 2

❸ 添加"外观"模块下的"说（ ）
（2）秒"积木块

❹ 将"说（ ）（2）秒"积木块第1个
框中的文字更改为"I have good news
for you."

22 复制两个"等待（ ）秒"积木
组，依次更改复制的积木块
框中的数值和文字。

❶ 右击"等待（ ）秒"积木块，在弹
出的快捷菜单中单击"复制"命令

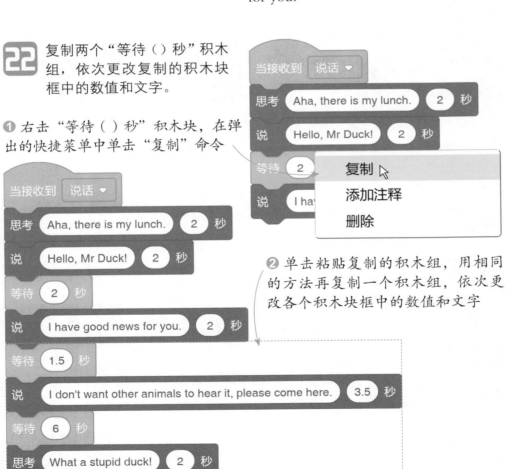

❷ 单击粘贴复制的积木组，用相同
的方法再复制一个积木组，依次更
改各个积木块框中的数值和文字

23 当狮子接收到"说话"消息时，等待 2 秒，设置嗓音为"男高音"，准备朗读对话的内容。

❶ 添加"事件"模块下的"当接收到（ ）"积木块

❷ 单击下拉按钮，在展开的列表中选择"说话"选项

❸ 添加"控制"模块下的"等待（2）秒"积木块

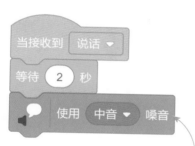

❹ 添加"文字朗读"模块下的"使用（ ）嗓音"积木块

❺ 单击下拉按钮，在展开的列表中选择"男高音"选项

24 结合运用"等待（ ）秒"和"朗读（ ）"积木块，朗读对话的内容。

❶ 添加"文字朗读"模块下的"朗读（ ）"积木块

❷ 将"朗读（ ）"积木块框中的文字更改为"Hello, Mr Duck!"

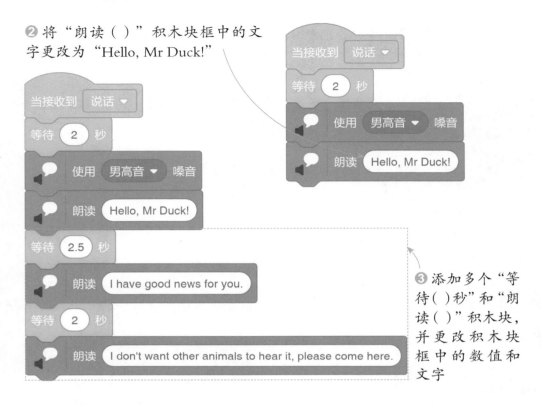

❸ 添加多个"等待（ ）秒"和"朗读（ ）"积木块，并更改积木块框中的数值和文字

25 选中"Duck"角色，为其编写脚本。当单击舞台左上角的 ▶ 按钮时，隐藏角色。

❶ 添加"事件"模块下的"当▶被点击"积木块

❷ 添加"外观"模块下的"隐藏"积木块

26 当接收到"情景"消息时，显示角色，并将角色移到舞台右侧边缘。

❶ 添加"事件"模块下的"当接收到（情景）"积木块

❷ 添加"外观"模块下的"显示"积木块

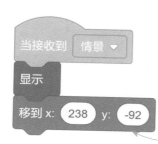

③ 添加"运动"模块下的"移到 x: (238) y: (−92)"积木块

27 应用"重复执行直到（）"积木块，让鸭子在湖里游动起来，直到碰到湖边为止。

❶ 添加"控制"模块下的"重复执行直到（）"积木块

③ 单击"碰到颜色（）？"积木块的颜色框

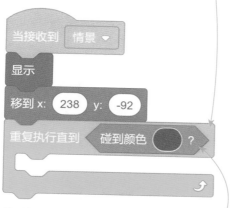

❷ 将"侦测"模块下的"碰到颜色（）？"积木块拖动到"重复执行直到（）"积木块的条件框中

❹ 在弹出的"拾色器"面板中单击"吸管"工具

❺ 在舞台背景图像上单击，吸取颜色

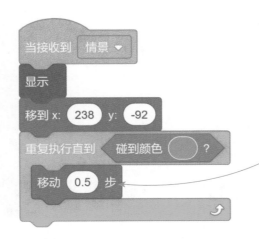

⑥ 添加"运动"模块下的"移动（0.5）步"积木块，让角色移动得慢一些

28 当接收到"说话"消息时，让鸭子依次说出对话的内容。

① 添加"事件"模块下的"当接收到（）"积木块

② 单击下拉按钮，在展开的列表中选择"说话"选项

③ 添加"控制"模块下的"等待（4）秒"积木块

④ 添加"外观"模块下的"说（）（2）秒"积木块，并将第 1 个框中的文字更改为"Go away, bad lion!"

❺ 添加更多"等待（）秒"和"说（）（）秒"
积木块，并更改积木块框中的数值和文字

29 当鸭子说完后，以滑行的方式向狮子移动。

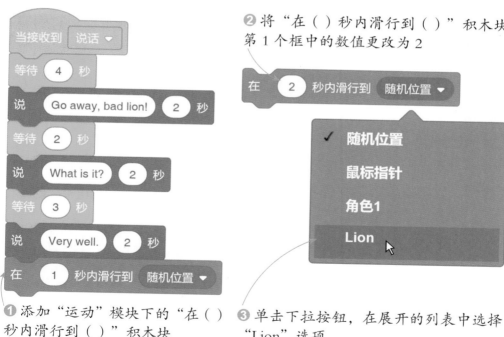

❷ 将"在（）秒内滑行到（）"积木块
第 1 个框中的数值更改为 2

❶ 添加"运动"模块下的"在（）
秒内滑行到（）"积木块

❸ 单击下拉按钮，在展开的列表中选择
"Lion"选项

30 判断鸭子是否碰到了狮子。

❶ 添加"控制"模块下的"如果……那么……"积木块

❷ 将"侦测"模块下的"碰到( )？"积木块拖动到"如果……那么……"积木块的条件框中

❸ 单击下拉按钮，在展开的列表中选择"Lion"选项

31 如果鸭子碰到狮子，就播放"Duck"音效，然后隐藏鸭子，制造出鸭子被狮子吃掉的效果。

❶ 切换到"声音"选项卡，单击"选择一个声音"按钮

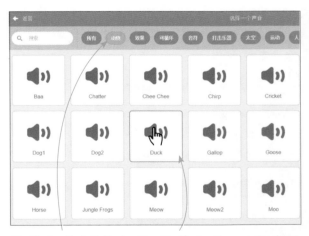

❷ 单击"动物"标签 ❸ 单击"Duck"音效

❹ 添加"声音"模块下的"播放声音(Duck)"积木块

❺ 添加"外观"模块下的"隐藏"积木块

⑥将"如果……那么……"积
木组与步骤 29 中完成的脚本
组合起来

32 当鸭子接收到"说话"消息时，等待 4 秒，然后设置嗓音为"尖细"，
准备朗读对话的内容。

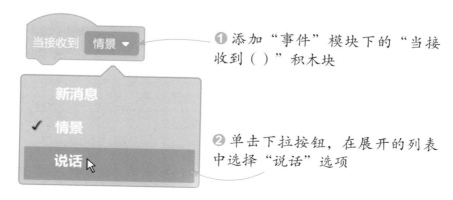

❶添加"事件"模块下的"当接
收到（）"积木块

❷单击下拉按钮，在展开的列表
中选择"说话"选项

 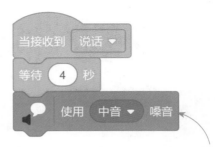

❸ 添加"控制"模块下的"等待（4）秒"积木块

❹ 添加"文字朗读"模块下的"使用（）嗓音"积木块

❺ 单击下拉按钮，在展开的列表中选择"尖细"选项

小提示

翻译对话内容

　　如果小朋友不明白角色的对话内容是什么意思，可以使用"翻译"扩展模块下的"将（）译为（）"积木块来翻译对话内容。在积木块的框中输入英文，选择翻译语言为中文，单击积木块就会显示中文译文。

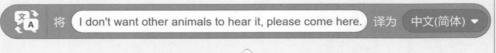

我不要其他动物听到它，请过来。

33 结合运用"等待（）秒"和"朗读（）"积木块，朗读对话的内容。为了获得流畅的对话效果，需要通过反复测试来确定等待的间隔时间，使语音与文字出现的步调基本一致。

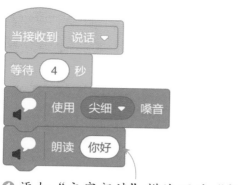

❶ 添加"文字朗读"模块下的"朗读（ ）"积木块

❷ 将"朗读（ ）"积木块框中的文字更改为"Go away, bad lion!"

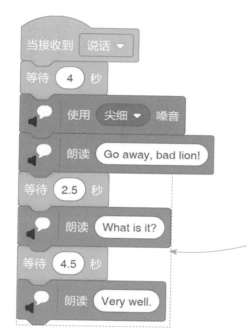

❸ 添加更多"等待( )秒"和"朗读( )"积木块，并更改积木块框中的数值和文字

　　到这里，这个动画小故事就制作完成了，小朋友们觉得有趣吗？如果小朋友们还有其他故事想要通过类似的方式和大家分享，就继续进行创作吧。

第4章

人工智能

——小小翻译员

人工智能是一个庞大的领域，机器翻译是其中的一个分支，我们日常接触最多的实例之一就是翻译软件。本章要用 Scratch 制作一个小程序"小小翻译员"，它可以对输入的文字进行中英文双向翻译。

设计思路

这个小程序设置了"中文转英文"和"英文转中文"两种翻译模式。用户首先需要选择翻译模式，然后根据选择的翻译模式输入要翻译的内容，完成翻译。随后可以继续翻译其他内容，也可以重新选择翻译模式。

选择翻译模式

首先需要添加两个按钮角色，让用户通过单击按钮来选择翻译模式。其次需要创建一个"模式"变量，用于存储用户选择的翻译模式，这里用 1 代表"中文转英文"模式，用 2 代表"英文转中文"模式。

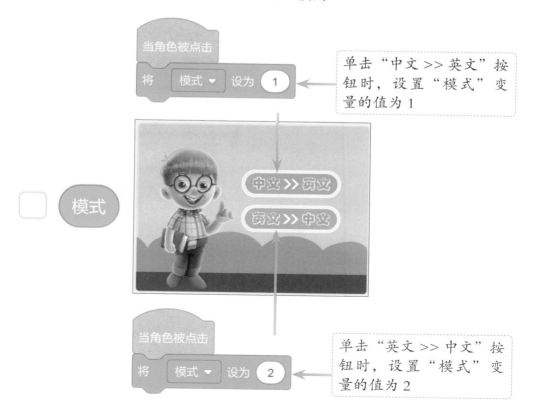

单击"中文 >> 英文"按钮时，设置"模式"变量的值为 1

单击"英文 >> 中文"按钮时，设置"模式"变量的值为 2

翻译输入的内容并输出翻译结果

选择好翻译模式后，就要根据选择的翻译模式输入要翻译的内容。使用"侦测"模块下的"询问（）并等待"积木块提示用户输入需要翻译的内容，选择不同的翻译模式将出现不同的询问语句。

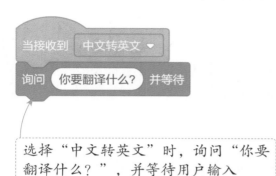

选择"中文转英文"时，询问"你要翻译什么？"，并等待用户输入

选择"英文转中文"时，询问"What do you want to translate?"，并等待用户输入

输入完毕后，Scratch 会将输入的内容存储到"回答"积木块中，此时就可以使用"将（）译为（）"积木块对"回答"积木块中存储的内容进行翻译。如果翻译模式为"中文转英文"，则将翻译结果设为"英语"；如果翻译模式为"英文转中文"，则将翻译结果设为"中文（简体）"。然后利用"说（）"积木块将翻译结果呈现在舞台上。

选择"中文转英文"时，将"回答"翻译为"英语"

利用"回答"积木块接收输入的中文内容

选择"英文转中文"时，将"回答"翻译为"中文（简体）"

利用"回答"积木块接收输入的英文内容

选择继续或返回

一个翻译小程序通常不会只进行一次翻译，因此，每当完成一次翻译，还需要让用户选择下一步操作，本程序提供了两种选择：第一种是单击"返回"按钮，重新选择翻译模式；第二种是单击"继续"按钮，在当前翻译模式下继续翻译其他内容。

如果选择返回，就广播一条"返回"消息，提示重新选择翻译模式。

利用"当接收到（ ）"积木块接收"返回"消息，提示重新选择翻译模式

单击"返回"角色时，广播"返回"消息

说完后广播"翻译模式"消息，显示选择翻译模式的界面

如果选择继续，就需要根据"模式"变量的值判断当前的翻译模式，并根据判断结果执行不同的翻译操作。本程序中的翻译模式有两种，因此使用"如果……那么……否则……"积木块来实现这种两个分支的流程：先判断"模式"变量的值是否等于 1，如果等于 1，则执行"那么"中包含的积木块；如果不等于 1，则执行"否则"中包含的积木块。

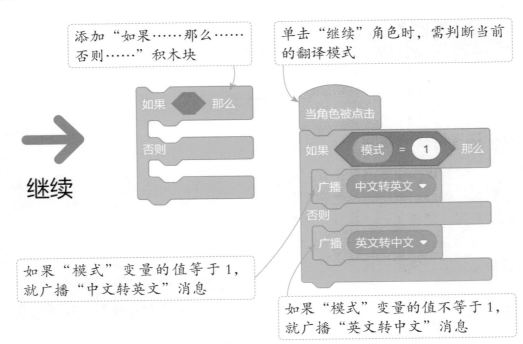

添加"如果……那么……否则……"积木块

单击"继续"角色时，需判断当前的翻译模式

如果"模式"变量的值等于1，就广播"中文转英文"消息

如果"模式"变量的值不等于1，就广播"英文转中文"消息

步骤详解

通过前面的分析，我们掌握了整个案例的设计思路及主要会用到的积木块，接下来详细讲解制作的步骤。

I 创建新作品，添加背景库中的"Blue Sky"背景，删除默认的"背景1"背景，再对添加的"Blue Sky"背景进行编辑。

❶单击"选择一个背景"按钮

选择一个背景

❷ 单击"Blue Sky"背景

❸ 选中"背景1"，单击右
上角的"删除"按钮 🗑

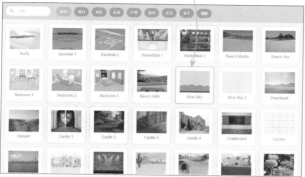

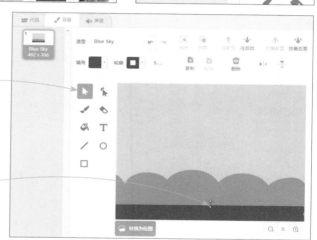

❹ 单击"选择"工具 🔲

❺ 选中深褐色矩形，将
鼠标指针移到矩形上边
缘位置，当指针变为双
向箭头时，单击并向上
拖动，调整矩形高度

2 删除默认的小猫角色，上传自定义的"小孩"角色，然后设置角色的位
置和大小。

上传角色

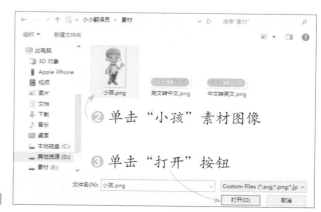

❷ 单击"小孩"素材图像

❸ 单击"打开"按钮

❶ 单击"上传角色"按钮 ⬆

④ 输入角色坐标 x 为 −126、y 为 −29，大小为 90

⑤ 在舞台中显示设置后的角色效果

3 使用相同的方法，上传自定义的"中文转英文"和"英文转中文"角色，然后在角色列表中分别设置它们的位置和大小。

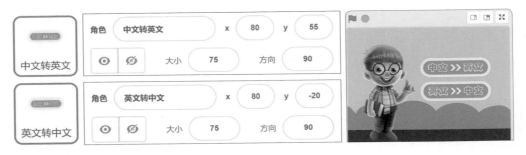

4 添加角色库中的"Arrow1"角色，并删除不需要的角色造型。

① 单击"选择一个角色"按钮

② 单击"Arrow1"角色

③ 在"造型"选项卡下删除这 3 个角色造型

5 使用"文本"工具在"arrow1-a"角色造型下方输入文字"继续",然后在角色列表中设置角色的名称、位置和大小。

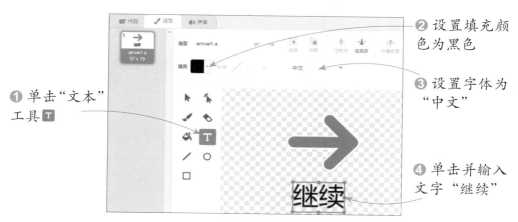

❶ 单击"文本"工具 T

❷ 设置填充颜色为黑色

❸ 设置字体为"中文"

❹ 单击并输入文字"继续"

| 角色 | 继续 | x | 210 | y | -100 |

| 👁 | 🚫 | 大小 | 60 | 方向 | 90 |

❺ 输入角色名"继续",坐标 x 为 210、y 为 −100,大小为 60

❻ 在舞台中显示设置后的角色效果

6 用相同方法再添加一个"Arrow1"角色,删除"arrow1-a""arrow1-c""arrow1-d"3 个角色造型并添加文字"返回",然后在角色列表中设置角色的名称、位置和大小。

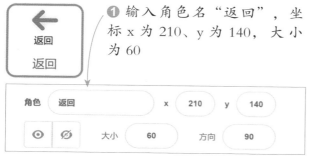

❶ 输入角色名"返回",坐标 x 为 210、y 为 140,大小为 60

| 角色 | 返回 | x | 210 | y | 140 |

| 👁 | 🚫 | 大小 | 60 | 方向 | 90 |

❷ 在舞台中显示设置后的角色效果

7 创建"模式"变量，并隐藏该变量。

❶ 单击"变量"模块下的"建立一个变量"按钮

❷ 输入新变量名"模式"

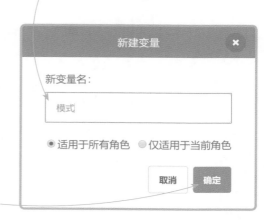

❸ 单击"确定"按钮

❹ 创建"模式"变量

❺ 单击取消勾选，隐藏变量

8 选中"小孩"角色，为其编写脚本。当单击舞台左上角的▶按钮时，将"模式"变量的初始值设为 0，并显示角色。

❶ 添加"事件"模块下的"当▶被点击"积木块

❷ 添加"变量"模块下的"将(模式)设为(0)"积木块

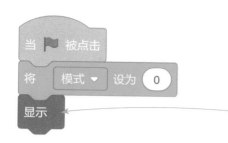

❸ 添加"外观"模块下的"显示"积木块

9 让"小孩"角色以文字形式进行自我介绍,然后提示用户选择翻译的模式。

❶ 添加"外观"模块下的"说( )( )秒"积木块

❷ 将"说( )( )秒"积木块第 1 个框中的文字更改为"你好!我是你的小小翻译员。"

❸ 将"说( )( )秒"积木块第 2 个框中的数值更改为 3.5

❹ 添加"控制"模块下的"等待(1)秒"积木块

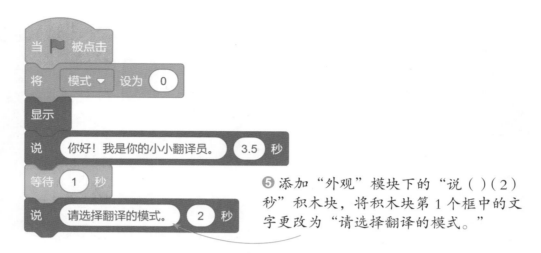

❺添加"外观"模块下的"说（）（2）秒"积木块，将积木块第1个框中的文字更改为"请选择翻译的模式。"

10 广播"翻译模式"消息，启动选择翻译模式的界面。

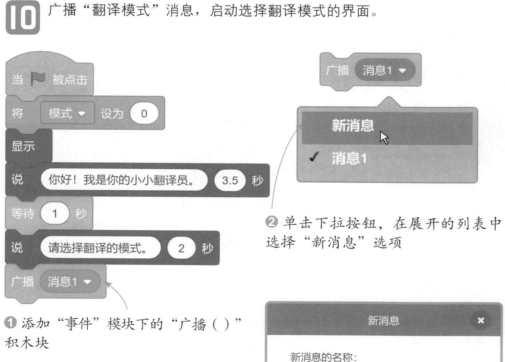

❷单击下拉按钮，在展开的列表中选择"新消息"选项

❶添加"事件"模块下的"广播（）"积木块

❸输入新消息的名称"翻译模式"，单击"确定"按钮

当单击舞台左上角的▶按钮时，让"小孩"角色以语音形式进行自我介绍，然后提示用户选择翻译的模式。

❶ 添加"事件"模块下的"当▶被点击"积木块

❷ 添加"文字朗读"模块下的"使用（）嗓音"积木块

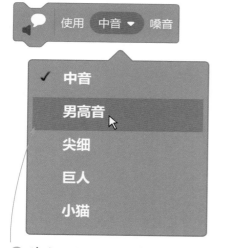

❸ 单击下拉按钮，在展开的列表中选择"男高音"选项

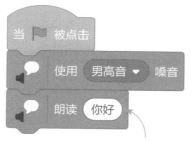

❹ 添加"文字朗读"模块下的"朗读（）"积木块

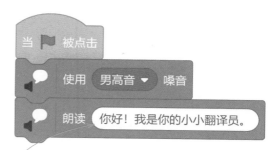

❺ 将"朗读（）"积木块框中的文字更改为"你好！我是你的小小翻译员。"

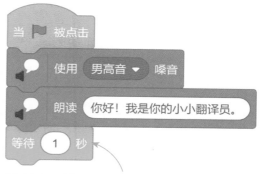

❻ 添加"控制"模块下的"等待（1）秒"积木块

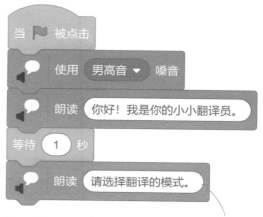

❼ 添加"文字朗读"模块下的"朗读（）"积木块，将积木块框中的文字更改为"请选择翻译的模式。"

12 添加"当接收到（）"积木块，创建新消息"返回"。

❶ 添加"事件"模块下的"当接收到（）"积木块

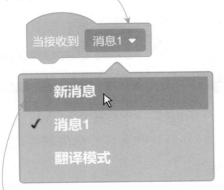

❸ 输入新消息的名称"返回"

❷ 单击下拉按钮，在展开的列表中选择"新消息"选项

❹ 单击"确定"按钮

13 当"小孩"角色接收到"返回"消息时，以文字形式提示用户重新选择翻译的模式，然后通过广播"翻译模式"消息，启动选择翻译模式的界面。

❶ 添加"外观"模块下的"说（）（）秒"积木块

❷ 将"说（）（）秒"积木块第1个框中的文字更改为"请重新选择翻译的模式。"

❸ 将"说（）（）秒"积木块第2个框中的数值更改为3

❹ 添加"事件"模块下的"广播（）"积木块

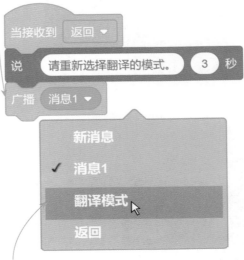

❺ 单击下拉按钮，在展开的列表中选择"翻译模式"选项

14 当"小孩"角色接收到"返回"消息时，同时以语音形式提示用户重新选择翻译的模式。

❶ 添加"事件"模块下的"当接收到（ ）"积木块

❷ 单击下拉按钮，在展开的列表中选择"返回"选项

❸ 添加"文字朗读"模块下的"朗读（ ）"积木块，将积木块框中的文字更改为"请重新选择翻译的模式。"

15 添加"当接收到（ ）"积木块，创建新消息"中文转英文"。

❶ 添加"事件"模块下的"当接收到（ ）"积木块

❸ 输入新消息的名称"中文转英文"

新消息

新消息的名称：

中文转英文

取消　确定

❷ 单击下拉按钮，在展开的列表中选择"新消息"选项

❹ 单击"确定"按钮

16 当"小孩"角色接收到"中文转英文"消息时，用中文询问用户要翻译什么，并等待用户的输入。

❶ 添加"侦测"模块下的"询问（ ）并等待"积木块

❷ 将"询问（ ）并等待"积木块框中的文字更改为"你要翻译什么？"

❸ 添加"外观"模块下的"思考（ ）（2）秒"积木块

❹ 将"思考（ ）（2）秒"积木块第1个框中的文字更改为"嗯……让我想想。"

17 让"小孩"角色将"回答"积木块中存储的内容翻译为英文，并以文字的形式显示出来。

❶ 添加"外观"模块下的"说（ ）"积木块

❷ 将"翻译"模块下的"将（ ）译为（ ）"积木块拖动到"说（ ）"积木块的框中

❸ 单击下拉按钮，在展开的列表中选择"英语"选项

❹ 将"侦测"模块下的"回答"积木块拖动到"将（ ）译为（英语）"积木块的框中

18 让"小孩"角色以语音的形式朗读翻译结果。

❶ 添加"文字朗读"模块下的"朗读（ ）"积木块

❷ 右击"将（回答）译为（英语）"积木组，在弹出的快捷菜单中单击"复制"命令

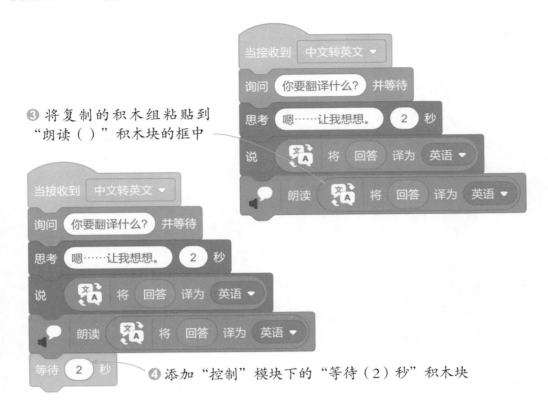

❸ 将复制的积木组粘贴到"朗读（）"积木块的框中

❹ 添加"控制"模块下的"等待（2）秒"积木块

19 广播"选择"消息，让用户选择是继续使用当前翻译模式还是重新选择翻译模式。

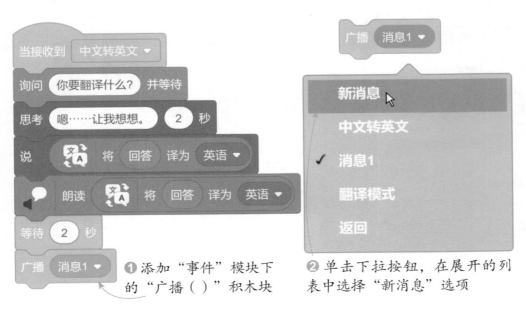

❶ 添加"事件"模块下的"广播（）"积木块

❷ 单击下拉按钮，在展开的列表中选择"新消息"选项

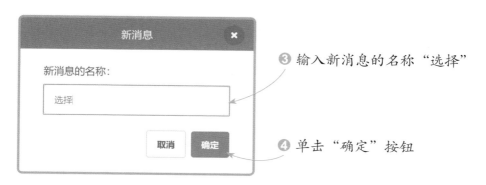

❸ 输入新消息的名称"选择"

❹ 单击"确定"按钮

20 当接收到"中文转英文"消息时,让"小孩"角色以语音形式朗读"你要翻译什么?"。

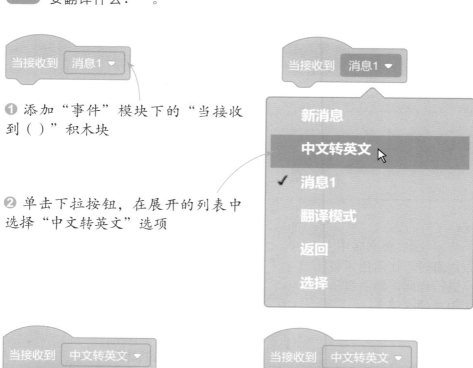

❶ 添加"事件"模块下的"当接收到( )"积木块

❷ 单击下拉按钮,在展开的列表中选择"中文转英文"选项

❸ 添加"文字朗读"模块下的"朗读( )"积木块

❹ 将"朗读( )"积木块框中的文字更改为"你要翻译什么?"

21 添加"当接收到（）"积木块，创建新消息"英文转中文"。

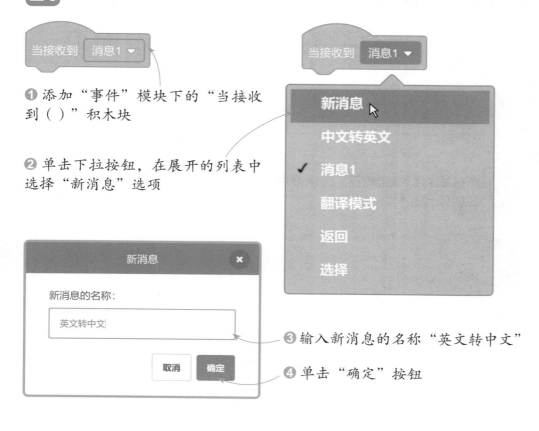

❶ 添加"事件"模块下的"当接收到（）"积木块

❷ 单击下拉按钮，在展开的列表中选择"新消息"选项

❸ 输入新消息的名称"英文转中文"

❹ 单击"确定"按钮

22 当接收到"英文转中文"消息时，让角色用英文进行询问，然后显示和朗读翻译结果。

❶ 右击步骤 19 脚本中的"询问（）并等待"积木块，在弹出的快捷菜单中单击"复制"命令

❷ 单击粘贴积木组，将询问内容更改为 "What do you want to translate?"

❸ 将"思考（）（）秒"积木块框中的文字更改为"Hmmmm......Let me think."

❹ 将翻译语言更改为"中文（简体）"

23 复制步骤 20 的积木组，将接收的消息更改为"英文转中文"，并将朗读内容更改为英文。

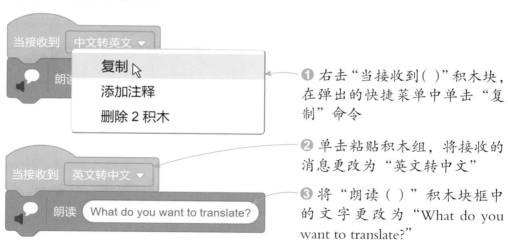

❶ 右击"当接收到（）"积木块，在弹出的快捷菜单中单击"复制"命令

❷ 单击粘贴积木组，将接收的消息更改为"英文转中文"

❸ 将"朗读（）"积木块框中的文字更改为"What do you want to translate?"

24 选中"中文转英文"角色，为其编写脚本。当单击舞台左上角的 🏳 按钮时，隐藏该角色。

❶ 添加"事件"模块下的"当 🏳 被点击"积木块

❷ 添加"外观"模块下的"隐藏"积木块

 当接收到"翻译模式"消息时，将"颜色"特效设置为 0，并显示"中文转英文"角色。

❶ 添加"事件"模块下的"当接收到（）"积木块

❷ 单击下拉按钮，在展开的列表中选择"翻译模式"选项

❸ 添加"外观"模块下的"将（颜色）特效设定为（0）"积木块

❹ 添加"外观"模块下的"显示"积木块

 当单击"中文转英文"角色时，设置"模式"变量的值为 1，即选择"中文转英文"翻译模式。

❶ 添加"事件"模块下的"当角色被点击"积木块

❷ 添加"变量"模块下的"将（）设为（）"积木块

❸ 单击下拉按钮，在展开的列表中选择"模式"选项

❹ 把"将（模式）设为（ ）"积木块框中的数值更改为 1

27 将"颜色"特效增加 80，以变换"中文转英文"角色的颜色，然后广播"中文转英文"消息，等待 2 秒后，隐藏"中文转英文"角色。

❶ 添加"外观"模块下的"将（颜色）特效增加（ ）"积木块

❷ 把"将（颜色）特效增加（ ）"积木块框中的数值更改为 80

❸ 添加"事件"模块下的"广播（中文转英文）"积木块

❹ 添加"控制"模块下的"等待（ ）秒"积木块

❺将"等待（ ）秒"积木块框中的
数值更改为 2

❻添加"外观"模块下的"隐藏"
积木块

小提示

图形特效

　　使用"将（ ）特效设定为（ ）"积木块可以为
背景和造型添加 7 种图形特效，分别为"颜色""鱼
眼""漩涡""像素化""马赛克""亮度""虚像"。
单击积木块中的下拉按钮，在展开的列表中即可选
择要应用的图形特效，修改积木块框中的数值，可
以调整图形特效的强度。

---

28 当接收到"英文转中文"消息时，隐藏"中文转英文"角色。

❶添加"事件"模块下的"当接收到（ ）"
积木块

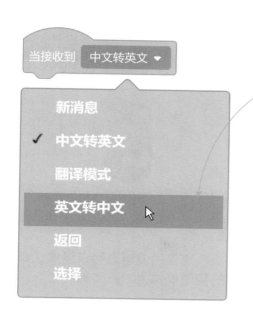

❷ 单击下拉按钮，在展开的列表中
选择"英文转中文"选项

❸ 添加"外观"模块下的"隐藏"
积木块

29 使用相同的思路为"英文转中文"角色编写脚本，只需更改给"模式"
变量所赋的值，以及广播和接收的消息。

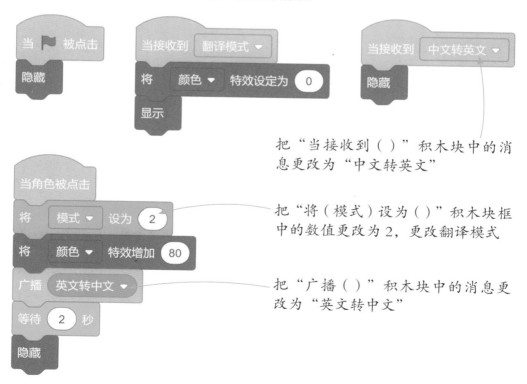

把"当接收到（ ）"积木块中的消
息更改为"中文转英文"

把"将（模式）设为（ ）"积木块框
中的数值更改为2，更改翻译模式

把"广播（ ）"积木块中的消息更
改为"英文转中文"

30 选中"继续"角色，为其编写脚本。当单击舞台左上角的 ▶ 按钮时，隐藏"继续"角色；当接收到"选择"消息时，显示"继续"角色；当接收到"返回"消息，即单击"返回"角色时，隐藏"继续"角色。

当单击 ▶ 按钮时，隐藏角色

当接收到"选择"消息时，显示角色

当接收到"返回"消息时，隐藏角色

31 当单击"继续"角色时，需要根据"模式"变量的值确定翻译模式。如果"模式"变量的值等于 1，说明当前的翻译模式为"中文转英文"，则广播对应的"中文转英文"消息。

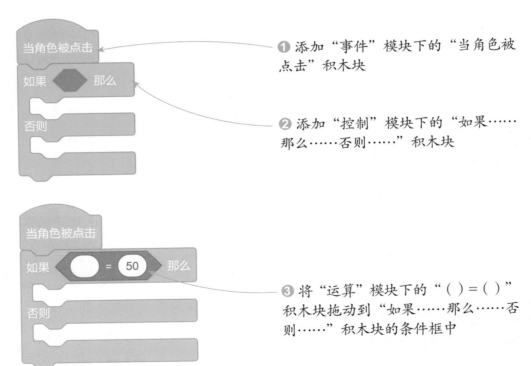

❶ 添加"事件"模块下的"当角色被点击"积木块

❷ 添加"控制"模块下的"如果……那么……否则……"积木块

❸ 将"运算"模块下的"（）=（）"积木块拖动到"如果……那么……否则……"积木块的条件框中

❹ 将"变量"模块下的"模式"积木块拖动到"（ ）=（ ）"积木块的第 1 个框中

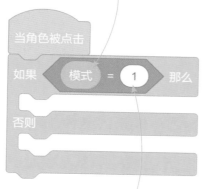

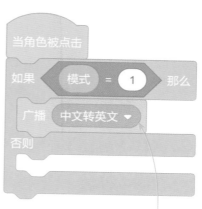

❺ 将"（ ）=（ ）"积木块第 2 个框中的数值更改为 1

❻ 添加"事件"模块下的"广播（中文转英文）"积木块

32 如果"模式"变量的值不等于 1，则广播"英文转中文"消息。确定了翻译模式后，隐藏"继续"角色。

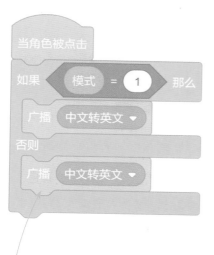

❶ 添加"事件"模块下的"广播（ ）"积木块

❷ 单击下拉按钮，在展开的列表中选择"英文转中文"选项

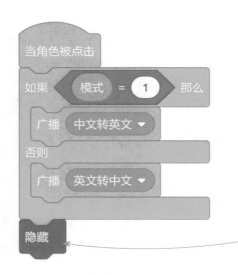

❸ 添加"外观"模块下的"隐藏"
积木块

33 选中"返回"角色，为其编写脚本。当单击舞台左上角的▶按钮时，隐藏该角色；当接收到"选择"消息时，显示该角色；当单击该角色时，广播"返回"消息，然后隐藏该角色；当接收到"中文转英文"或"英文转中文"消息时，隐藏该角色。

当单击▶按钮时，隐藏角色　　　当接收到"选择"消息时，显示角色

当单击角色时，广播"返回"消息，提示重新选择翻译模式，然后隐藏角色

当接收到"中文转英文"消息时，隐藏角色　　当接收到"英文转中文"消息时，隐藏角色

到这里，这个小程序就制作完成了。如果小朋友们对其他语言的翻译感兴趣，可以自己动手试一试改造这个小程序，实现更多语言的翻译。

如果在更改语言后发现程序的朗读效果听起来不太自然或发音不标准，那么就需要设置一下朗读的语言。这是因为"朗读（）"积木块有时并不能准确地识别我们输入的文字是哪种语言，而是需要我们用"将朗读语言设置为（）"积木块来指定以哪种语言来朗读。

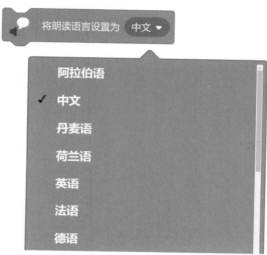

"将朗读语言设置为（）"积木块提供多种语言的朗读方式，包括中文、英语、法语、德语等。单击积木块中的下拉按钮，在展开的列表中即可选择需要的语言。选择好朗读的语言后，继续添加"朗读（）"积木块，在"朗读（）"积木块的框中输入与前面所选语言匹配的文字内容，就能在运行程序时听到比较自然、流畅的朗读效果。

例如，要用"朗读（）"积木块朗读英文文字，就要在其之前添加"将朗读语言设置为（英语）"积木块。其他语言的朗读依此类推。

第5章
随机的秘密
——多彩花园

　　小朋友们应该都玩过掷色子的游戏吧，这个游戏的乐趣在于你不知道掷出色子后会得到什么数字，这其中蕴含着数学中的随机原理。本章就要利用随机原理制作一个学习颜色单词的小游戏"多彩花园"。

设计思路

　　这个游戏在刚开始时会从 3 个表示颜色的英文单词中随机选择一个单词显示在界面中，同时进行单词的朗读，帮助小朋友掌握单词的拼法和读法。在单词下方会显示 3 个颜色各不相同的花盆，小朋友需要用鼠标将其中一个花盆拖动到答案框中，如果花盆的颜色与界面中显示的单词一致，则回答正确。

随机切换角色造型并朗读单词

　　先创建一个单词角色，为其设计 3 个造型，每个造型对应一个颜色单词。再创建一个变量 i，在 1～3 中随机取一个整数作为变量 i 的值，然后根据变量 i 的值切换单词角色的造型。这样就达到了在游戏界面中随机显示一个单词的目的。

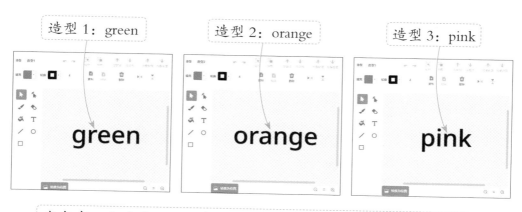

造型 1：green　　造型 2：orange　　造型 3：pink

角色有 3 个造型，因此将变量 i 的值设置为 1～3 之间的随机数

切换为第 i 个造型，在舞台中随机显示一个颜色单词

显示一个颜色单词后，还需要朗读出该单词，让小朋友可以跟着学习单词的读法。利用"文字朗读"模块下的积木块可以朗读指定的文字内容，同时结合变量 i 的值将朗读内容设置为造型对应的单词，就能达到目的。

添加"如果……那么……"积木块进行判断

判断显示的角色造型

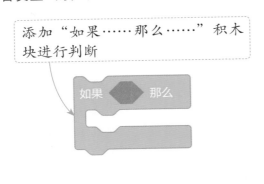

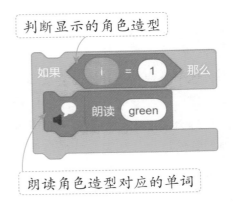

朗读角色造型对应的单词

设置条件判断对错

显示并朗读单词后，由小朋友来回答单词的含义，答题的方式是在单词下方显示的 3 个花盆中选择一盆，拖动到舞台右侧的答案框中。如果花盆的颜色与显示的单词一致，则回答正确，分数增加 1；否则分数不变，花盆回到原来的位置。

这里要判断对错并分别执行不同的操作，可以使用"如果……那么……否则……"积木块。当"如果"后的条件为真时，会执行"那么"下方的积木块，跳过"否则"下方的积木块；当"如果"后的条件为假时，会跳过"那么"下方的积木块，执行"否则"下方的积木块。

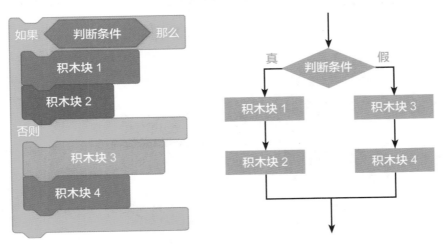

添加"如果……那么……否则……"积木块

判断花盆是否碰到舞台
中的答案框及花盆颜色
是否匹配显示的单词

如果拖动的花盆颜色与显示的单词
一致,将花盆移到答案框的中间,
播放音效后将分数增加 1

如果拖动的花盆颜色与显示的单词
不一致,将花盆移回原来的位置

步骤详解

通过前面的分析,我们掌握了整个案例的设计思路及主要会用到的积木块,接下来详细讲解制作的步骤。

1 创建新作品,上传 3 个自定义的背景图像,删除默认的"背景 1"背景,并调整背景顺序。

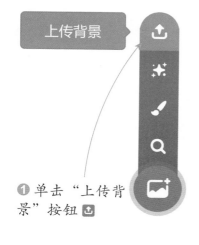

❶ 单击"上传背景"按钮 📤

❷ 按住 Ctrl 键依次单击"开始""游戏""结束"素材图像,再单击"打开"按钮

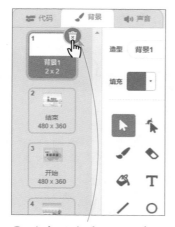 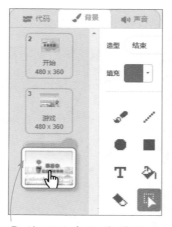 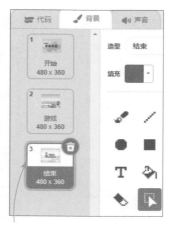

❸ 选中"背景1",单击右上角的"删除"按钮🗑 ❹ 将"结束"背景拖动到"游戏"背景下方 ❺ 释放鼠标,调整背景顺序

2 删除默认的小猫角色,上传自定义的"开始按钮"角色,在角色列表中设置角色的位置和大小。

❶ 单击"上传角色"按钮🔼

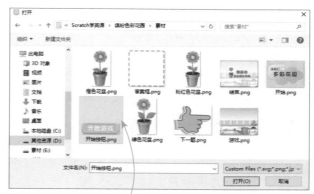

❷ 单击"开始按钮"素材图像,单击"打开"按钮

❸ 输入角色坐标 x 为 0、y 为 −75,大小为 30

❹ 在舞台中显示设置后的角色效果

3 使用相同的方法上传自定义的"绿色花盆""橙色花盆""粉红色花盆""答案框""下一题"5 个角色，在角色列表中分别修改角色的位置、大小等参数。

4 使用绘制的方式创建新角色，使用"文本"工具输入表示"绿色"的英文单词"green"。

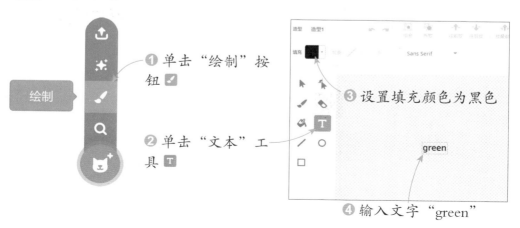

5 适当放大输入的文字"green"，然后在角色列表中设置角色参数。

❶ 单击"选择"工具

❷ 调整文字大小

角色	green		x	-100	y	89
👁 ⊘		大小	100		方向	90

❸ 输入角色名"green"，坐标 x 为 −100、y 为 89

❹ 在舞台中显示设置后的角色效果

6 复制两次造型，得到"造型 2"和"造型 3"，将"造型 2"和"造型 3"的文字分别更改为"orange"和"pink"。

❶ 右击"造型 1"，在弹出的快捷菜单中单击"复制"命令

❷ 单击"文本"工具 T

❸ 将文字更改为"orange"

❹ 右击"造型 2"，在弹出的快捷菜单中单击"复制"命令

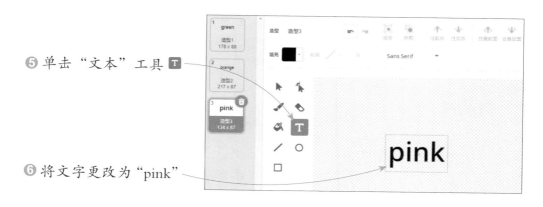

⑤ 单击"文本"工具

⑥ 将文字更改为"pink"

7 选中"开始按钮"角色，为其编写脚本。当单击舞台左上角的 ▶ 按钮时，在舞台中显示该角色。

❶ 添加"事件"模块下的"当▶被点击"积木块

❷ 添加"外观"模块下的"显示"积木块

8 切换到"声音"选项卡，为角色添加声音库中的"Small Cowbell"音效。

❶ 单击"选择一个声音"按钮 🔍

❷ 单击"Small Cowbell"音效

 继续为"开始按钮"角色编写脚本。当单击舞台中显示的"开始按钮"角色时，播放"Small Cowbell"音效，提示用户已单击按钮。

❶ 添加"事件"模块下的"当角色被点击"积木块

❷ 添加"声音"模块下的"播放声音（Small Cowbell）"积木块

10 播放音效后，广播"开始游戏"消息，然后隐藏角色。

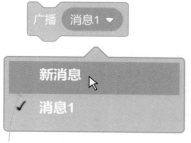

❶ 添加"事件"模块下的"广播（ ）"积木块

❷ 单击下拉按钮，在展开的列表中选择"新消息"选项

❸ 输入新消息的名称"开始游戏"，单击"确定"按钮

❹ 添加"外观"模块下的"隐藏"积木块

11 建立"分数"和 i 两个变量，分别用于统计答题正确次数和判定显示的单词角色造型。

❶ 单击"变量"模块下的"建立一个变量"按钮

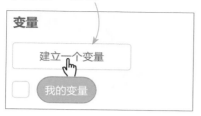

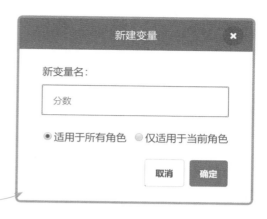

❷ 输入新变量名"分数",单击"确定"按钮

❸ 创建"分数"变量

❹ 使用相同的方法创建 i 变量,并隐藏该变量

12 选中"green"角色,为其编写脚本。当单击舞台左上角的 ▶ 按钮时,隐藏该角色。

❶ 添加"事件"模块下的"当▶被点击"积木块

❷ 添加"外观"模块下的"隐藏"积木块

13 当接收到"开始游戏"消息时,将"green"角色移到舞台左上角,并显示出来。

❶ 添加"事件"模块下的"当接收到（开始游戏）"积木块

❷ 添加"运动"模块下的"移到 x:（−100）y:（89）"积木块

❸ 添加"外观"模块下的"显示"积木块

14 利用"在（）和（）之间取随机数"积木块，在"green""orange""pink"3 个单词中随机选取一个单词显示在舞台上。

❶ 添加"变量"模块下的"将(i)设为（）"积木块

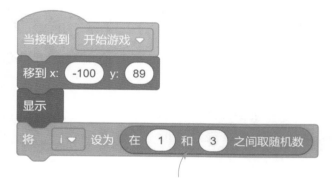

❷ 将"运算"模块下的"在（1）和（3）之间取随机数"积木块拖动到"将(i)设为（）"积木块的框中

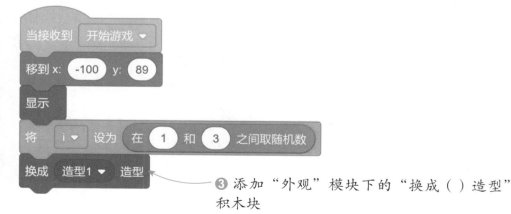

❸ 添加"外观"模块下的"换成（）造型"积木块

❹ 将"变量"模块下的"i"积木块拖动到"换成（）造型"积木块的框中

15 根据 i 变量的值判断舞台上当前显示的是哪个单词，为后续朗读该单词做好准备。

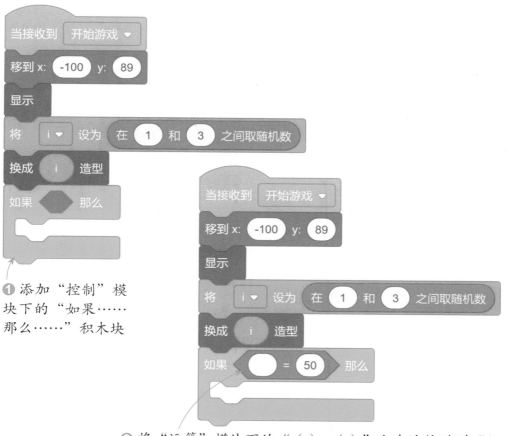

❶ 添加"控制"模块下的"如果……那么……"积木块

❷ 将"运算"模块下的"（）=（）"积木块拖动到"如果……那么……"积木块的条件框中

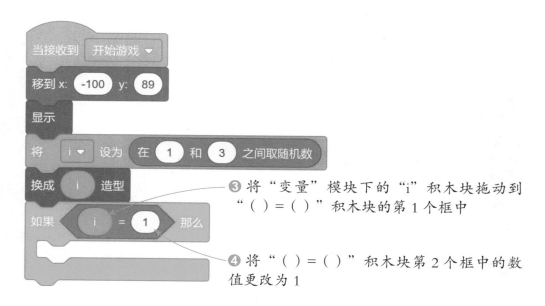

❸ 将"变量"模块下的"i"积木块拖动到
"（ ）=（ ）"积木块的第 1 个框中

❹ 将"（ ）=（ ）"积木块第 2 个框中的数
值更改为 1

16 如果 i 变量的值等于 1，则舞台中显示的单词是"green"，就让角色朗
读该单词。

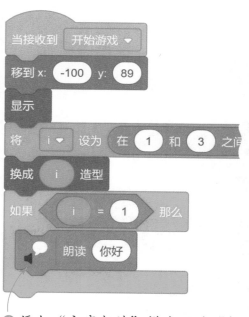

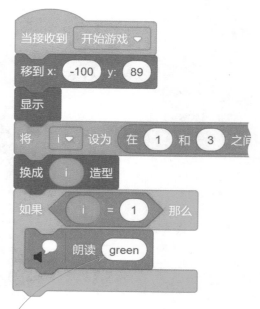

❶ 添加"文字朗读"模块下的"朗
读（ ）"积木块

❷ 将"朗读（ ）"积木块框中的文
字更改为"green"

17 复制 2 次"如果……那么……"积木组，并修改脚本，根据 i 变量的值分别朗读不同的单词。

❶ 右击"如果……那么……"积木块,在弹出的快捷菜单中单击"复制"命令，复制积木组

❷ 将复制的积木组中"（ ）=（ ）"积木块第 2 个框中的数值更改为 2

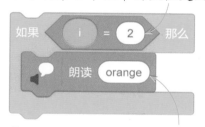

❸ 将"朗读（ ）"积木块框中的文字更改为"orange"

❹ 再复制一个积木组，将复制的积木组中"（ ）=（ ）"积木块第 2 个框中的数值更改为 3

❺ 将"朗读（ ）"积木块框中的文字更改为"pink"

❻ 将 3 个"如果……那么……"积木组组合在一起

18 添加"当接收到（ ）"积木块，创建新消息"下一关"。

❶ 添加"事件"模块下的"当接收到（ ）"积木块

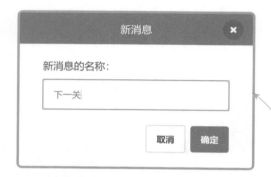

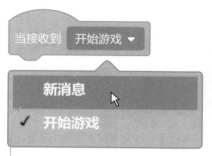

❷ 单击下拉按钮，在展开的列表中选择"新消息"选项

❸ 输入新消息的名称"下一关"，单击"确定"按钮

19 当接收到"下一关"消息时，同样随机显示一种角色造型，并根据显示的角色造型朗读对应的单词。

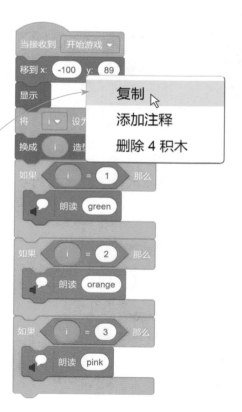

❶ 右击步骤 17 脚本中的"移到 x:（ ）y:（ ）"积木块，在弹出的快捷菜单中单击"复制"命令

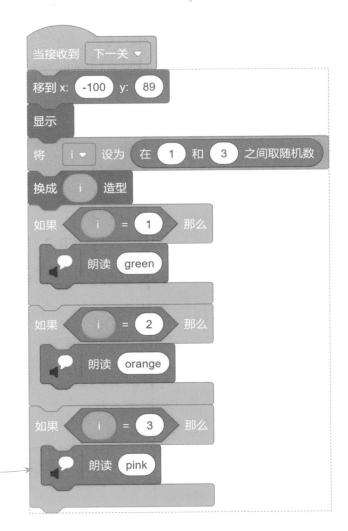

❷ 将复制的积木组粘贴在"当接收到（下一关）"积木块下方

20 添加"当接收到（）"积木块，创建新消息"游戏结束"，当接收到该消息时，隐藏角色。

❶ 添加"事件"模块下的"当接收到（）"积木块

❷ 单击下拉按钮，在展开的列表中选择"新消息"选项

❸ 输入新消息的名称"游戏结束"，单击"确定"按钮

❹ 添加"外观"模块下的"隐藏"积木块

21 选中"绿色花盆"角色，为其编写脚本。当单击舞台左上角的▌按钮时，隐藏该角色，并将"分数"变量的值设为 0。

❶ 添加"事件"模块下的"当▌被点击"积木块

❷ 添加"外观"模块下的"隐藏"积木块

❸ 添加"变量"模块下的"将（ ）设为（0）"积木块

❹ 单击下拉按钮，在展开的列表中选择"分数"选项

💡 小提示

修改变量名

　　在"变量"模块下右击创建的变量，在弹出的快捷菜单中执行"修改变量名"命令，然后在弹出的对话框中输入新的变量名。

22 当角色接收到"开始游戏"消息时，移到舞台左侧，并显示出来。

❶ 添加"事件"模块下的"当接收到（）"积木块

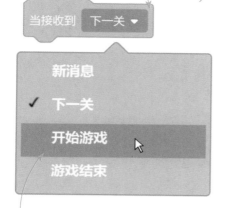

❸ 添加"运动"模块下的"移到 x：（-100）y：（-25）"积木块

❷ 单击下拉按钮，在展开的列表中选择"开始游戏"选项

❹ 添加"外观"模块下的"显示"积木块

23 设置回答正确的条件为"绿色花盆"角色碰到"答案框"角色，并且左侧显示的单词角色造型为造型 1（即单词"green"）。

❶ 添加"控制"模块下的"重复执行"积木块

❷ 添加"控制"模块下的"如果……那么……否则……"积木块

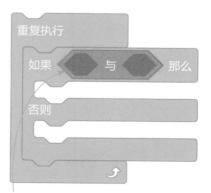

❸ 将"运算"模块下的"（）与（）"积木块拖动到"如果……那么……否则……"积木块的条件框中

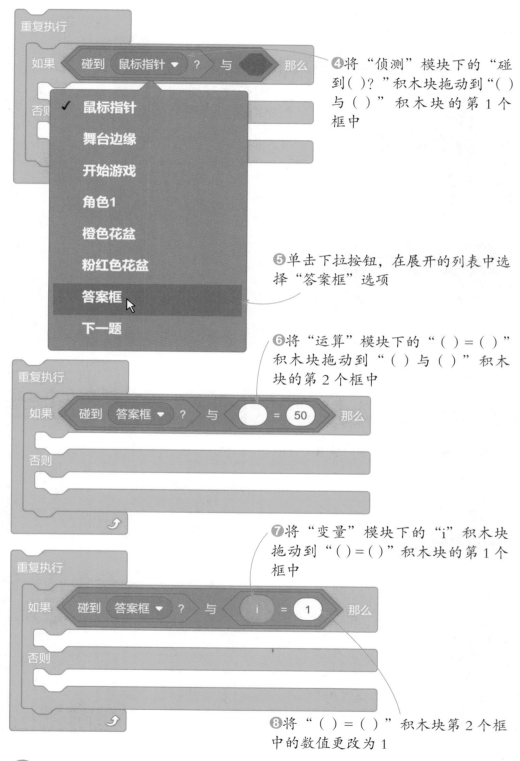

❹将"侦测"模块下的"碰到( )?"积木块拖动到"( )与( )"积木块的第1个框中

❺单击下拉按钮，在展开的列表中选择"答案框"选项

❻将"运算"模块下的"( )=( )"积木块拖动到"( )与( )"积木块的第2个框中

❼将"变量"模块下的"i"积木块拖动到"( )=( )"积木块的第1个框中

❽将"( )=( )"积木块第2个框中的数值更改为1

24 如果回答正确的条件成立，将"绿色花盆"角色快速滑行到"答案框"角色的中间。

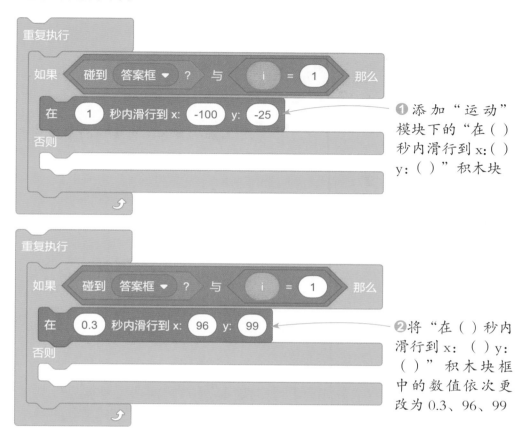

❶ 添加"运动"模块下的"在（ ）秒内滑行到 x:（ ）y:（ ）"积木块

❷ 将"在（ ）秒内滑行到 x:（ ）y:（ ）"积木块框中的数值依次更改为 0.3、96、99

25 切换到"声音"选项卡，为角色添加声音库中的"Fairydust"音效。

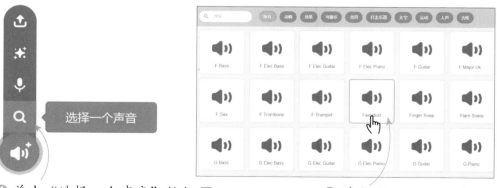

❶ 单击"选择一个声音"按钮 🔍

❷ 单击"Fairydust"音效

26 播放 "Fairydust" 音效，提示用户回答正确，然后将 "分数" 变量的值增加 1。

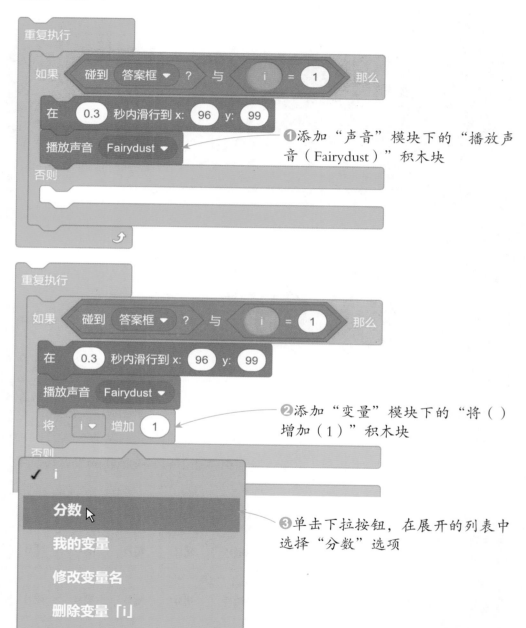

❶添加 "声音" 模块下的 "播放声音（Fairydust）" 积木块

❷添加 "变量" 模块下的 "将（）增加（1）" 积木块

❸单击下拉按钮，在展开的列表中选择 "分数" 选项

27 一个游戏通常不会无限制地运行下去，而是会有一个结束条件。本案例中，当 "分数" 变量的值达到 10 时，就结束游戏。

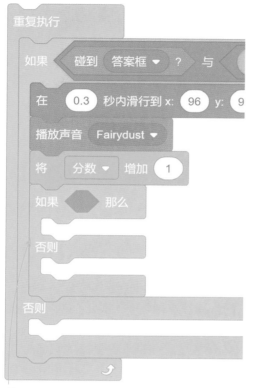

❶ 添加"控制"模块下的"如果……
那么……否则……"积木块

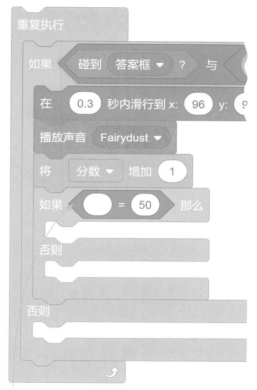

❷ 将"运算"模块下的"（ ）=（ ）"
积木块拖动到"如果……那么……
否则……"积木块的条件框中

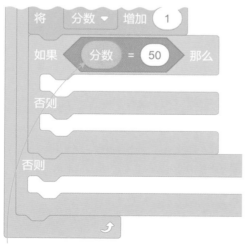

❸ 将"变量"模块下的"分数"积
木块拖动到"（ ）=（ ）"积木块
的第 1 个框中

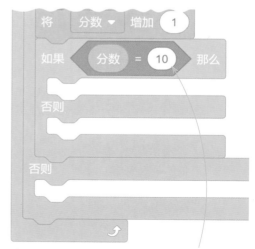

❹ 将"（ ）=（ ）"积木块第 2 个
框中的数值更改为 10

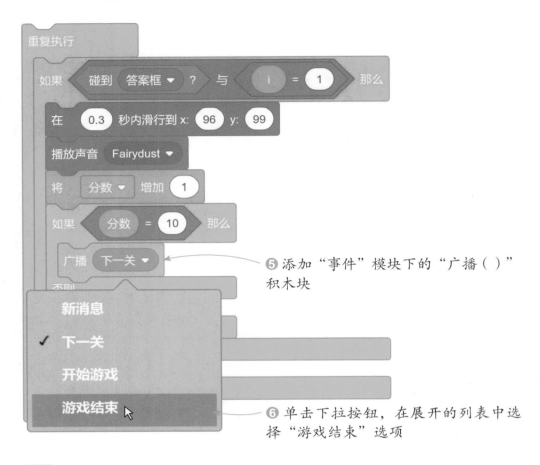

⑤ 添加"事件"模块下的"广播（ ）"积木块

⑥ 单击下拉按钮，在展开的列表中选择"游戏结束"选项

28 如果"分数"变量的值未达到 10，则广播"过关"消息，并停止全部脚本。

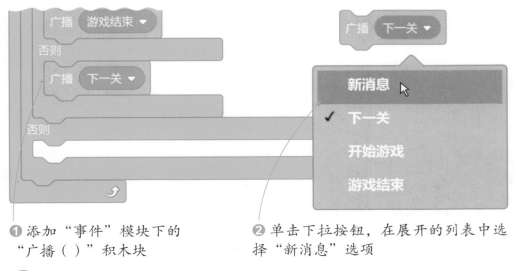

❶ 添加"事件"模块下的"广播（ ）"积木块

❷ 单击下拉按钮，在展开的列表中选择"新消息"选项

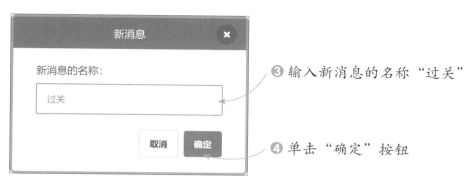

❸ 输入新消息的名称"过关"

❹ 单击"确定"按钮

❺ 添加"控制"模块下的"停止（全部脚本）"积木块

小提示

停止运行脚本

使用"停止（ ）"积木块可结束脚本运行。该积木块的下拉列表中有 3 个选项："全部脚本"表示停止运行整个程序的所有脚本；"这个脚本"表示停止运行当前角色的当前脚本；"该角色的其他脚本"表示停止运行当前角色的其他脚本。

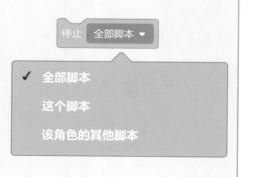

29 如果回答正确的条件不成立，将"绿色花盆"角色移回初始位置。

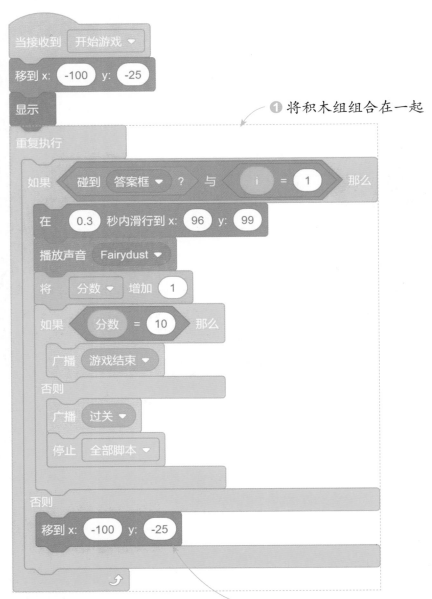

❶ 将积木组组合在一起

❷ 添加"运动"模块下的"移到 x：
（−100）y：（−25）"积木块

30 当角色接收"下一关"消息时，再重新进行答题和判断。

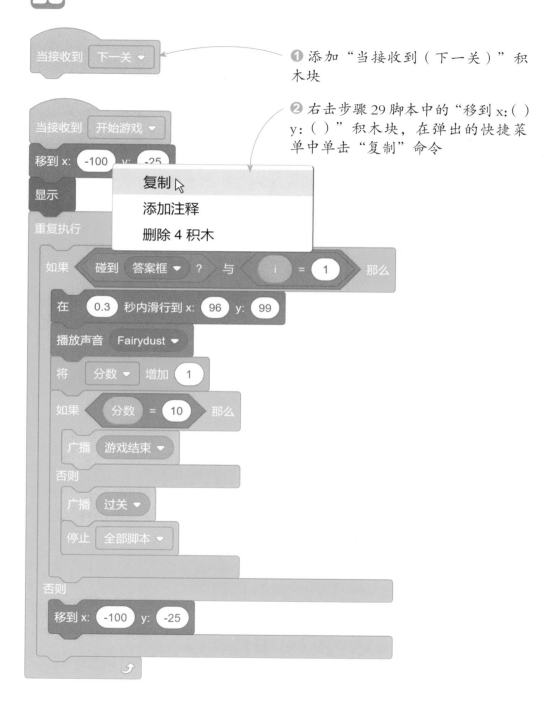

当接收到 下一关 ▼

❶ 添加"当接收到（下一关）"积木块

❷ 右击步骤 29 脚本中的"移到 x:（ ）y:（ ）"积木块，在弹出的快捷菜单中单击"复制"命令

当接收到 开始游戏 ▼

移到 x: -100 y: -25

    复制

显示   添加注释

    删除 4 积木

重复执行

如果 碰到 答案框 ▼ ? 与 i = 1 那么

在 0.3 秒内滑行到 x: 96 y: 99

播放声音 Fairydust ▼

将 分数 ▼ 增加 1

如果 分数 = 10 那么

广播 游戏结束 ▼

否则

广播 过关 ▼

停止 全部脚本 ▼

否则

移到 x: -100 y: -25

❸ 将复制的积木组粘贴在"当接收到（下一关）"积木块下方

31 当接收到"游戏结束"消息时，隐藏角色。

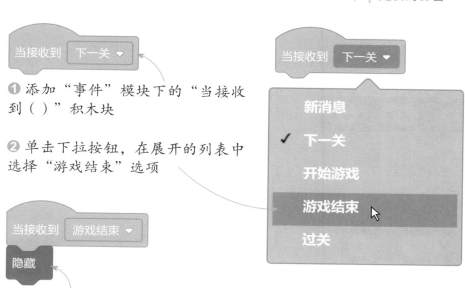

❶ 添加"事件"模块下的"当接收到（ ）"积木块

❷ 单击下拉按钮，在展开的列表中选择"游戏结束"选项

❸ 添加"外观"模块下的"隐藏"积木块

32 使用同样的思路为"橙色花盆"角色编写脚本。将"绿色花盆"角色的脚本复制到"橙色花盆"角色上，再修改角色的移动位置及对应的造型编号即可。

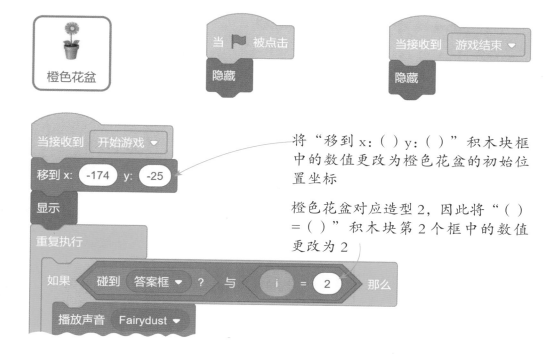

将"移到 x：（ ）y：（ ）"积木块框中的数值更改为橙色花盆的初始位置坐标

橙色花盆对应造型 2，因此将"（ ）=（ ）"积木块第 2 个框中的数值更改为 2

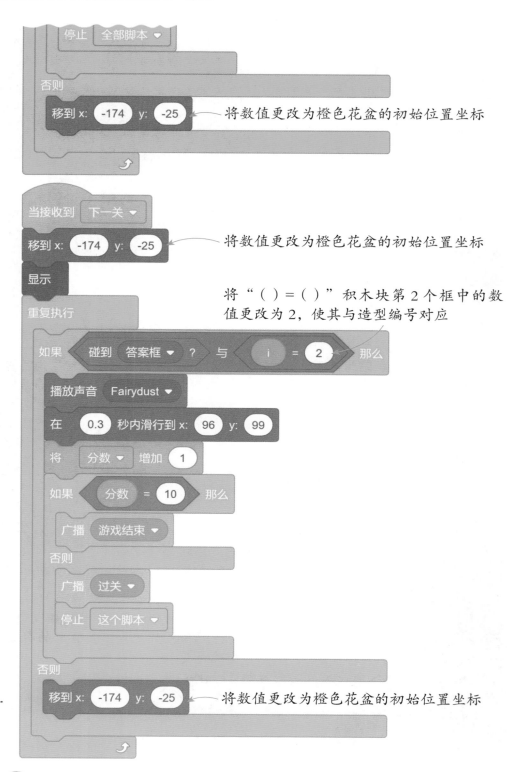

停止 全部脚本 ▼

否则

移到 x: -174 y: -25 ← 将数值更改为橙色花盆的初始位置坐标

当接收到 下一关 ▼

移到 x: -174 y: -25 ← 将数值更改为橙色花盆的初始位置坐标

显示

将"( ) = ( )"积木块第 2 个框中的数值更改为 2，使其与造型编号对应

重复执行

如果 碰到 答案框 ▼ ？ 与 i = 2 那么

播放声音 Fairydust ▼

在 0.3 秒内滑行到 x: 96 y: 99

将 分数 ▼ 增加 1

如果 分数 = 10 那么

广播 游戏结束 ▼

否则

广播 过关 ▼

停止 这个脚本 ▼

否则

移到 x: -174 y: -25 ← 将数值更改为橙色花盆的初始位置坐标

33 使用同样的思路为"粉红色花盆"编写脚本。将"绿色花盆"角色的脚本复制到"粉红色花盆"角色上，再修改角色的移动位置及对应的造型编号即可。

将"移到 x：（ ）y：（ ）"积木块框中的数值更改为粉红色花盆的初始位置坐标

粉红色花盆对应造型 3，因此将"（ ）=（ ）"积木块第 2 个框中的数值更改为 3

将数值更改为粉红色花盆的初始位置坐标

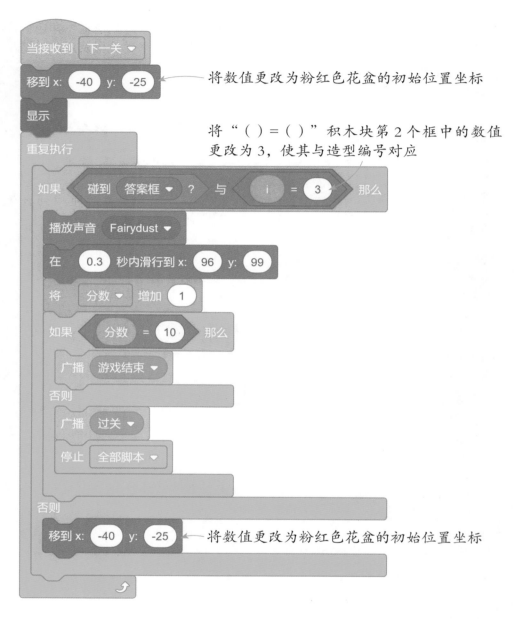

当接收到 下一关 ▼

移到 x: -40 y: -25 ◁—— 将数值更改为粉红色花盆的初始位置坐标

显示

将"（）=（）"积木块第 2 个框中的数值
更改为 3，使其与造型编号对应

重复执行

如果 碰到 答案框 ▼ ? 与 i = 3 那么

播放声音 Fairydust ▼

在 0.3 秒内滑行到 x: 96 y: 99

将 分数 ▼ 增加 1

如果 分数 = 10 那么

广播 游戏结束 ▼

否则

广播 过关 ▼

停止 全部脚本 ▼

否则

移到 x: -40 y: -25 ◁—— 将数值更改为粉红色花盆的初始位置坐标

34 选中"答案框"角色，为其编写脚本。当单击舞台左
上角的 ▶ 按钮时，隐藏角色；当接收到"开始游戏"
消息时，显示角色；当接收到"游戏结束"消息时，
再次隐藏角色。

答案框

单击 ▶ 按钮时，隐藏
角色

接收到"开始游戏"
消息时，显示角色

接收到"游戏结束"
消息时，隐藏角色

35 选中"下一题"角色，为其编写脚本。当单击舞台左上
角的 ▶ 按钮时，隐藏角色；当接收到"过关"消息时，
显示角色；当单击舞台中的该角色时，广播"下一关"
消息，再隐藏角色。

下一题

单击 ▶ 按钮时，隐藏
角色

接收到"过关"消息时，
显示角色

单击该角色时，广播
"下一关"消息，并
隐藏角色

36 选中舞台背景，为其编写脚本。当单击舞台左上角的 ▶ 按钮时，切换为"开
始"背景；当接收到"开始游戏"消息时，切换为"游戏"背景；当接
收到"游戏结束"消息时，切换为"结束"背景，并停止运行所有脚本。

单击 ▶ 按钮时，切换
为"开始"背景

接收到"开始游戏"
消息时，切换为"游戏"
背景

接收到"游戏结束"消
息时，切换为"结束"背
景，并停止运行所有脚本

到这里，这个游戏就制作完成了。如果小朋友们觉得游戏中的颜色单词有
点少，那就自己动手添加新的颜色单词和对应颜色的花盆吧。

第6章
操控时间
——开心打字母

通过前面几章的学习，我们对角色的运动、随机原理、判断等游戏设计的基本原理都有了一定的了解。本章还是结合随机的原理制作一款打气球的小游戏，和之前的案例有所不同的是，本案例增加了对时间的控制，让游戏的刺激感更强。

设计思路

在这个游戏中，会有一些气球随机出现在舞台底部，并慢慢上升。每个气球都带有一个英文字母，如果按下键盘中与某个气球上的字母一致的按键，则该气球被打中并爆炸、消失，加 1 分；如果气球碰到舞台顶端，则减 1 分。整个游戏的时间限制为 60 秒，以增加紧张感。

📓 倒计时和分数统计

创建"倒计时"和"分数"两个变量，分别用于进行倒计时和分数统计。这两个变量在程序刚开始运行时需要隐藏起来，在游戏正式开始后才显示在舞台顶端。

当单击 🏳 按钮时，隐藏"分数"和"倒计时"变量

当接收到"开始游戏"消息时，显示"分数"和"倒计时"变量

这个游戏的时间限制为 60 秒。要实现倒计时的效果，可以将"倒计时"变量的初始值设为 60，每过 1 秒就将该变量的值减少 1，当该变量的值变为 0 时，游戏就结束了。

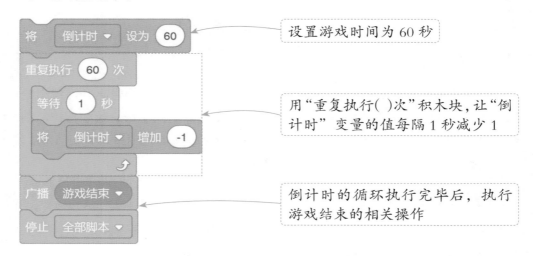

设置游戏时间为 60 秒

用"重复执行（ ）次"积木块，让"倒计时"变量的值每隔 1 秒减少 1

倒计时的循环执行完毕后，执行游戏结束的相关操作

📖 让气球随机出现并上升

在游戏中，气球要在舞台底部随机出现，主要使用"在（ ）和（ ）之间取随机数"积木块分别控制气球随机出现的时间间隔和位置。

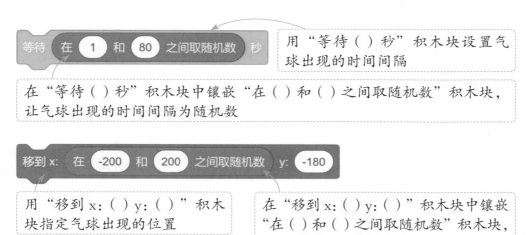

用"等待（ ）秒"积木块设置气球出现的时间间隔

在"等待（ ）秒"积木块中镶嵌"在（ ）和（ ）之间取随机数"积木块，让气球出现的时间间隔为随机数

用"移到 x：（ ）y：（ ）"积木块指定气球出现的位置

在"移到 x：（ ）y：（ ）"积木块中镶嵌"在（ ）和（ ）之间取随机数"积木块，让气球出现在舞台底部的随机位置

当气球出现后，还需要让它上升。使用"将 y 坐标增加（ ）"积木块增加

气球的 y 坐标，然后通过重复执行的方式，让气球呈现不断上升的效果。通过改变"将 y 坐标增加（）"积木块框中的数值来控制气球上升的速度，值越小，气球上升的速度越慢。

"重复执行"积木块中包含的积木组会依次重复执行

用"将 y 坐标增加（ ）"积木块让气球呈现上升效果，为降低游戏难度，让 y 坐标每次增加 1，使气球以较慢的速度上升

判断气球是否碰到舞台顶端

在气球上升的过程中，如果它上面的字母对应的键盘按键没有被按下，它会一直保持上升状态。当气球碰到舞台顶端时，需要将气球隐藏起来，并且由于气球没有被打中，还要将分数减少 1。这里使用"如果……那么……"积木块结合颜色触碰来判断气球是否碰到舞台顶端。

只有满足"如果……那么……"积木块条件框中的条件，才执行"如果……那么……"积木块中间的积木组

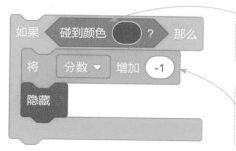

镶嵌"侦测"模块下的"碰到颜色（）？"积木块，判断是否碰到舞台顶端的色块

如果气球碰到了舞台顶端的色块，说明没有打中气球，将"分数"变量的值减少 1

判断是否打中气球

当舞台中出现气球后，我们就可以通过按下键盘中的按键来打气球。当按下与气球上的字母一样的按键时，气球会显示爆炸效果，表示其被打中，同时分数会增加 1。这里使用"如果……那么……"积木块结合按键侦测来判断是否打中气球。

镶嵌"侦测"模块下的"按下（ ）键？"积木块，判断是否按下与气球上的字母一样的按键

如果按键正确，说明打中气球，将"分数"变量的值增加 1

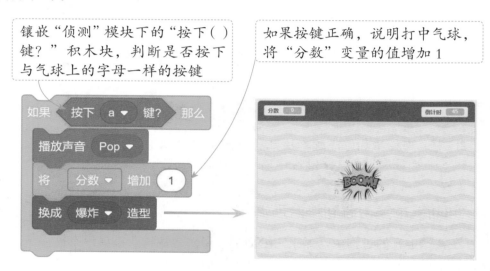

步骤详解

通过前面的分析，我们掌握了整个案例的设计思路及主要会用到的积木块，接下来详细讲解制作的步骤。

1 创建新作品，上传 3 个自定义的背景图像，并删除默认的"背景 1"背景。

❶ 单击"上传背景"按钮

❷按住 Ctrl 键依次单击"初始背景"和"游戏"素材图像

❸单击"打开"按钮

2 创建"倒计时"和"分数"两个变量。

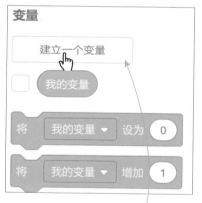

❶在"变量"模块下单击"建立一个变量"按钮

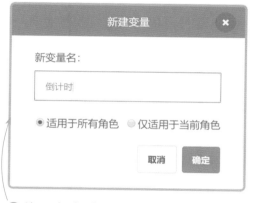

❷输入新变量名"倒计时",单击"确定"按钮

❸创建"倒计时"变量

❹用相同的方法创建"分数"变量

3 为背景编写脚本。当单击舞台左上角的▶按钮时，隐藏"分数"和"倒计时"变量。

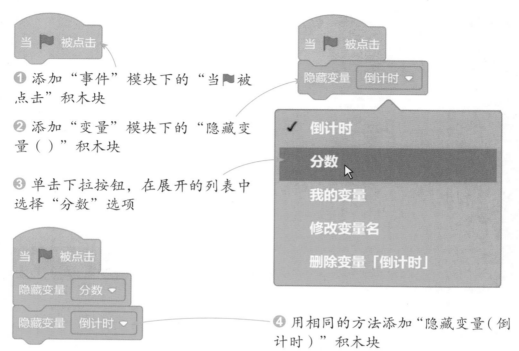

❶ 添加"事件"模块下的"当▶被点击"积木块

❷ 添加"变量"模块下的"隐藏变量（）"积木块

❸ 单击下拉按钮，在展开的列表中选择"分数"选项

❹ 用相同的方法添加"隐藏变量（倒计时）"积木块

4 隐藏变量后，切换到"初始背景"界面。

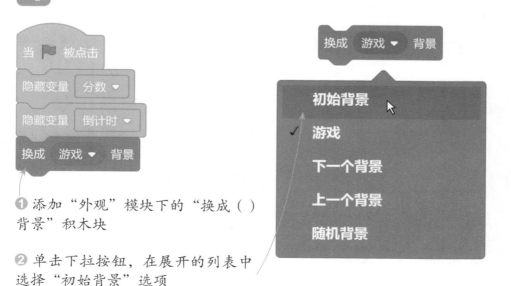

❶ 添加"外观"模块下的"换成（）背景"积木块

❷ 单击下拉按钮，在展开的列表中选择"初始背景"选项

5 切换到"声音"选项卡，为背景添加声音库中的"**Xylo3**"音效。

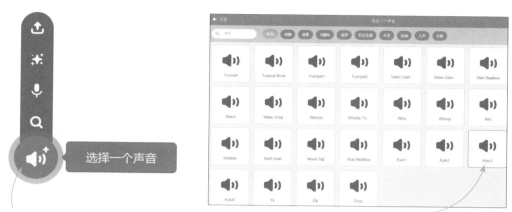

❶ 单击"选择一个声音"按钮

❷ 单击"Xylo3"音效

6 重复播放添加的"**Xylo3**"音效，作为游戏的背景音乐。

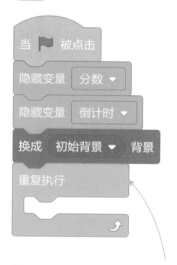

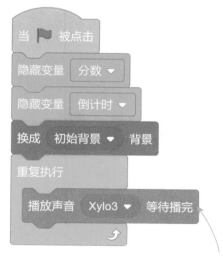

❶ 添加"控制"模块下的"重复执行"积木块

❷ 添加"声音"模块下的"播放声音（Xylo3）等待播完"积木块

小提示

播放音频文件

在 Scratch 中，"播放声音（）"和"播放声音（）等待播完"两个积木块都可以播放声音。两者的区别是："播放声音"积木块在声音开始播放后会立刻执行后面的脚本，而"播放声音（）等待播完"积木块会等到声音全部播放完后再执行后面的脚本。

播放声音 Pop ▼   播放声音 Pop ▼ 等待播完

---

7 添加"当接收到（）"积木块，创建新消息"开始游戏"。

❶ 添加"事件"模块下的"当接收到（）"积木块

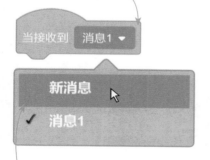

当接收到 消息1 ▼

新消息

✓ 消息1

❷ 单击下拉按钮，在展开的列表中选择"新消息"选项

新消息   ✖

新消息的名称：

开始游戏

取消   确定

❸ 输入新消息的名称"开始游戏"，单击"确定"按钮

---

8 当接收到"开始游戏"消息时，切换为"游戏"背景，并显示"分数"和"倒计时"两个变量。

当接收到 开始游戏 ▼

换成 游戏 ▼ 背景

❶ 添加"外观"模块下的"换成（游戏）背景"积木块

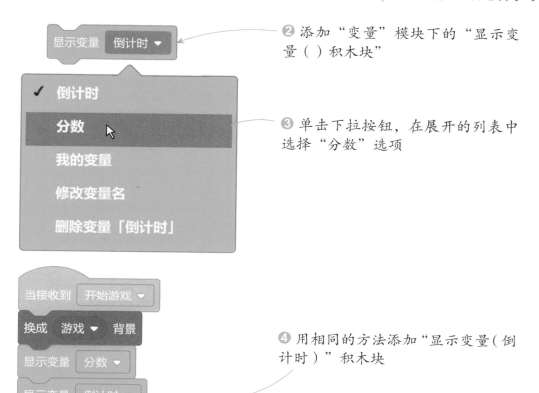

❷ 添加"变量"模块下的"显示变量（ ）积木块"

❸ 单击下拉按钮，在展开的列表中选择"分数"选项

❹ 用相同的方法添加"显示变量（倒计时）"积木块

9 设置"分数"变量的初始值为 0，设置"倒计时"变量的初始值为 60。

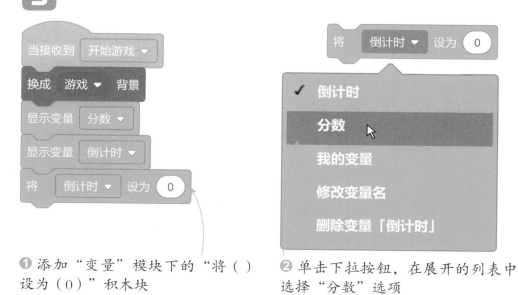

❶ 添加"变量"模块下的"将（ ）设为（0）"积木块

❷ 单击下拉按钮，在展开的列表中选择"分数"选项

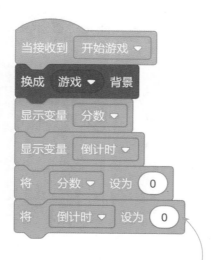

❸ 添加 "变量" 模块下的 "将（倒计时）设为（）" 积木块

❹ 把 "将（倒计时）设为（）" 积木块框中的数值更改为 60

10 "倒计时" 变量用于统计游戏剩余时间，因此需要每隔 1 秒就减少 1，直到变为 0 为止。

❶ 添加 "控制" 模块下的 "重复执行（）次" 积木块

❷ 将 "重复执行（）次" 积木块框中的数值更改为 60

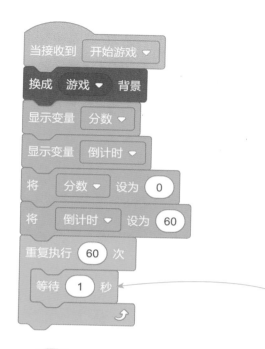

❸ 添加"控制"模块下的"等待（1）秒"积木块

❹ 添加"变量"模块下的"将（倒计时）增加（ ）"积木块

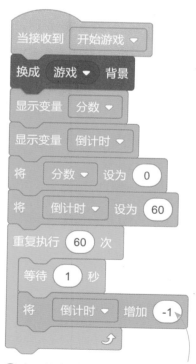

❺ 把"将（倒计时）增加（ ）"积木块框中的数值更改为 –1

11 倒计时结束后，广播"游戏结束"消息，并停止运行全部脚本。

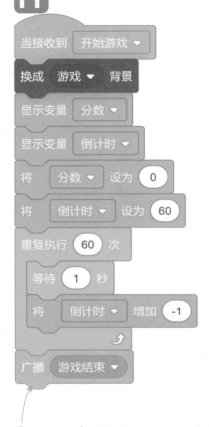

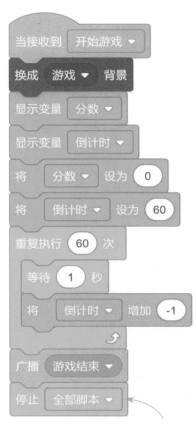

❶ 添加"事件"模块下的"广播( )"
积木块，并创建新消息"游戏结束"

❷ 添加"控制"模块下的"停止（全
部脚本）"积木块

12 删除默认的小猫角色，上传自定义的"开始按钮"角色，然后在角色列
表中调整角色的位置和大小。

上传角色

❶ 单击"上传角
色"按钮

❷ 单击"开始按
钮"素材图像

❸ 单击"打开"
按钮

④ 输入角色坐标 x 为 0、y 为 –55，大小为 60

⑤ 在舞台中显示设置的角色效果

13 添加角色库中的"Balloon1"角色，删除该角色包含的"balloon1-b"和"balloon1-c"两个造型。

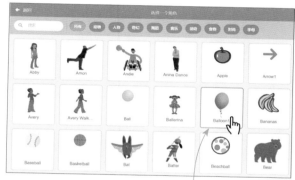

① 单击"选择一个角色"按钮 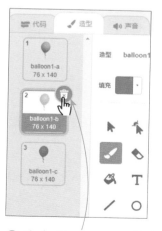 ② 单击"Balloon1"角色

③ 选中"balloon1-b"造型，单击"删除"按钮 ，删除造型

④ 选中"balloon1-c"造型，单击"删除"按钮 ，删除造型

14 将角色造型命名为"气球"，用"文本"工具在气球中间输入字母"A"，然后将字母调整到合适的大小。

❶ 输入新的造型名称"气球"　　❷ 单击"文本"工具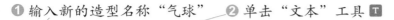

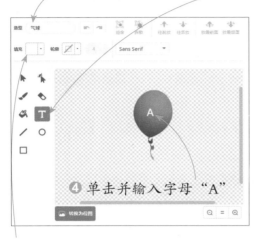
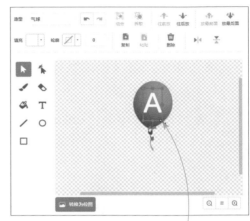

❹ 单击并输入字母"A"

❸ 设置填充颜色为白色（颜色为 0、饱和度为 0、亮度为 100），并设置轮廓为无　　❺ 适当调整字母大小

15 上传自定义的"爆炸"角色造型，然后在角色列表中设置角色的名称、位置和大小。

❶ 单击"上传造型"按钮

❷ 单击"爆炸"素材图像

❸ 单击"打开"按钮

❹ 输入角色名"A"，坐标 x 为 18、y 为 -7，大小为 50

❺ 在舞台中显示设置的角色效果

16 复制"A"角色，将复制的角色重命名为"B"，然后添加"Balloon1-b"角色造型。

❶ 右击"A"角色，在弹出的快捷菜单中单击"复制"命令

❷ 输入新的角色名"B"

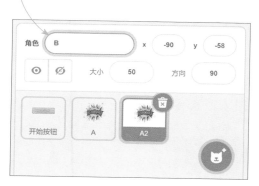

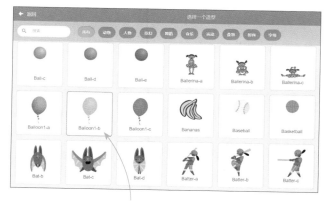

❸ 单击"选择一个造型"按钮 ◎

❹ 单击"Balloon1-b"造型

17 删除蓝色的 "气球" 造型，然后将 "Balloon1-b" 造型重命名为 "气球"，在气球上输入字母 "B"。用相同的方法添加更多气球角色。

❶ 选中 "气球" 造型，单击 "删除" 按钮 🗑，删除造型

❷ 选中 "Balloon1-b" 造型

❸ 输入新的造型名称 "气球"

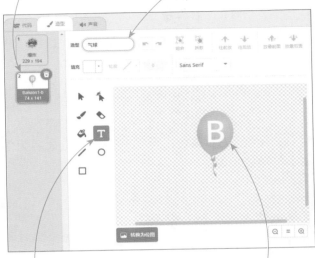

❹ 单击 "文本" 工具 **T**

❺ 输入字母 "B" 并调整至合适大小

❻ 将黄色的 "气球" 造型移到造型列表最上方

❼ 用相同的方法添加更多气球角色

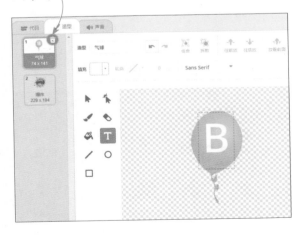

18 以绘制的方式创建"游戏结束"角色。先用"矩形"工具绘制轮廓粗细不同的红色矩形，再用"文本"工具在矩形中间输入红色的文字"GAME OVER"。创建完毕后在角色列表中设置角色参数。

❶ 单击"绘制"按钮 ✏️

❸ 设置轮廓颜色为红色（颜色为0、饱和度为100、亮度为89）

❹ 设置轮廓粗细为15

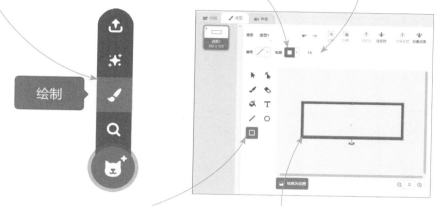

❷ 单击"矩形"工具 ▢

❺ 单击并拖动绘制矩形

❻ 设置轮廓粗细为5

❽ 单击"文本"工具 T

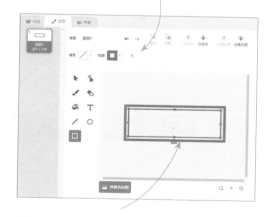

❼ 单击并拖动绘制矩形

❾ 输入文字"GAME OVER"

❿ 输入角色名"游戏结束"，坐标 x 为 0、y 为 −30

⓫ 在舞台中显示设置的角色效果

19 选中"开始按钮"角色，为其编写脚本。当单击舞台左上角的▶按钮时，显示角色。

❶ 添加"事件"模块下的"当▶被点击"积木块

❷ 添加"外观"模块下的"显示"积木块

20 切换到"声音"选项卡，为角色添加声音库中的"Small Cowbell"音效。

❶ 单击"选择一个声音"按钮🔊

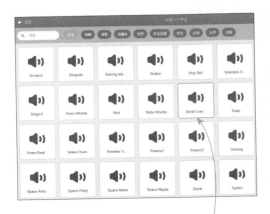

❷ 单击"Small Cowbell"音效

21 当单击"开始按钮"角色时，播放"Small Cowbell"音效，广播"开始游戏"消息，然后隐藏角色。

❶ 添加"事件"模块下的"当角色被点击"积木块

❷ 添加"声音"模块下的"播放声音（Small Cowbell）"积木块

❸ 添加"事件"模块下的"广播（开始游戏）"积木块

❹ 添加"外观"模块下的"隐藏"积木块

22 选中"A"角色，为其编写脚本。当单击舞台左上角的 ▶ 按钮时，隐藏该气球角色。

❶ 添加"事件"模块下的"当 ▶ 被点击"积木块

❷ 添加"外观"模块下的"隐藏"积木块

23 当接收到"开始游戏"消息时，在 1～80 秒之间随机等待一定的时间。

❶ 添加"事件"模块下的"当接收到（开始游戏）"积木块

❷ 添加"控制"模块下的"等待（）秒"积木块

❸ 将"运算"模块下的"在（）和（）之间取随机数"积木块拖动到"等待（）秒"积木块的框中

❹ 将"在（）和（）之间取随机数"积木块框中的数值分别更改为 1 和 80

24 等待一定的时间后，将气球角色移到舞台底部的随机位置。

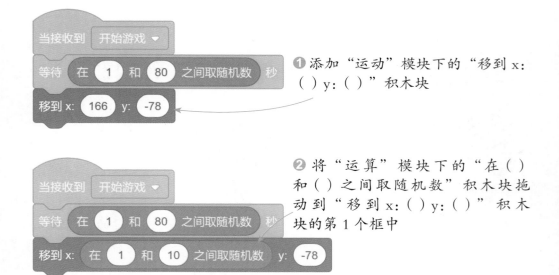

❶ 添加"运动"模块下的"移到 x:（）y:（）"积木块

❷ 将"运算"模块下的"在（）和（）之间取随机数"积木块拖动到"移到 x:（）y:（）"积木块的第 1 个框中

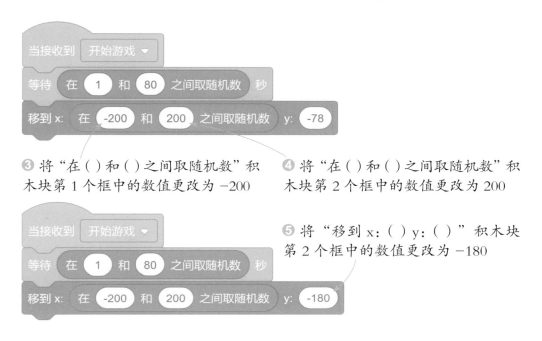

❸ 将"在（ ）和（ ）之间取随机数"积木块第 1 个框中的数值更改为 −200

❹ 将"在（ ）和（ ）之间取随机数"积木块第 2 个框中的数值更改为 200

❺ 将"移到 x：（ ）y：（ ）"积木块第 2 个框中的数值更改为 −180

25 添加"重复执行"积木块，重复执行气球角色的造型切换和角色的显示。

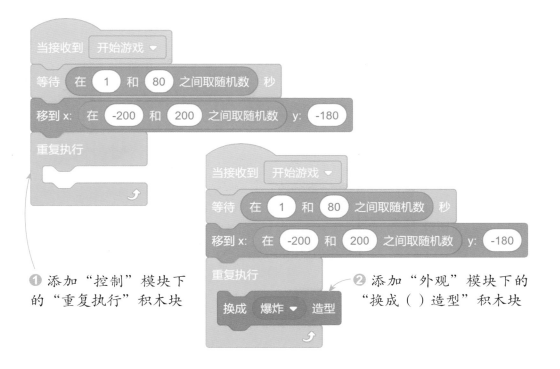

❶ 添加"控制"模块下的"重复执行"积木块

❷ 添加"外观"模块下的"换成（ ）造型"积木块

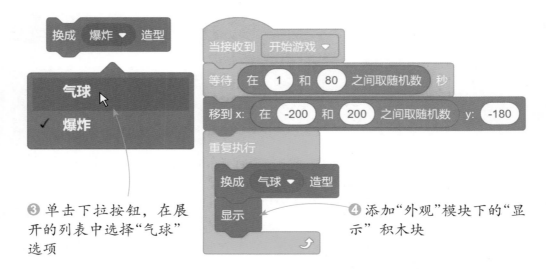

❸ 单击下拉按钮，在展开的列表中选择"气球"选项

❹ 添加"外观"模块下的"显示"积木块

26 当舞台中显示"气球"造型时，将气球角色的 y 坐标不断增加 1，使角色以较慢的速度向上移动。

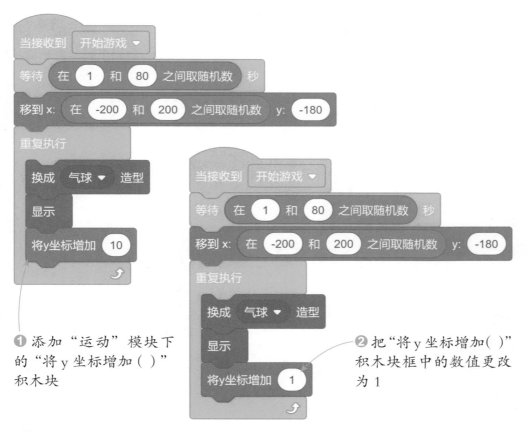

❶ 添加"运动"模块下的"将 y 坐标增加（ ）"积木块

❷ 把"将 y 坐标增加（ ）"积木块框中的数值更改为 1

27 在气球角色不断上升的过程中，通过颜色触碰判断气球角色是否碰到舞台顶端。

❶ 添加"控制"模块下的"如果……那么……"积木块

❷ 将"侦测"模块下的"碰到颜色（ ）？"积木块拖动到"如果……那么……"积木块的条件框中

❸ 单击"碰到颜色（ ）？"积木块的颜色框

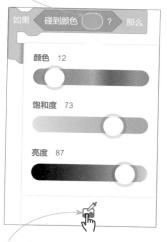

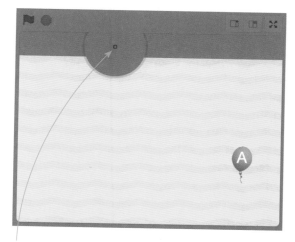

❹ 单击"吸管"工具

❺ 在舞台顶端单击吸取颜色

28 如果气球角色碰到舞台顶端，就将"分数"变量的值减少 1，然后隐藏气球角色。

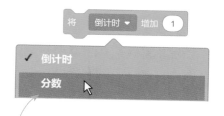

❶ 添加"变量"模块下的"将（ ）增加（ ）"积木块

❷ 单击下拉按钮，在展开的列表中选择"分数"选项

 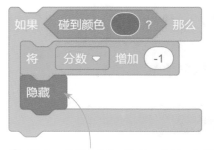

❸ 把"将（分数）增加（）"积木块框中的数值更改为 −1

❹ 添加"外观"模块下的"隐藏"积木块

29 在 1～80 秒之间随机等待一定的时间后，将气球角色重新移到舞台底部的随机位置。

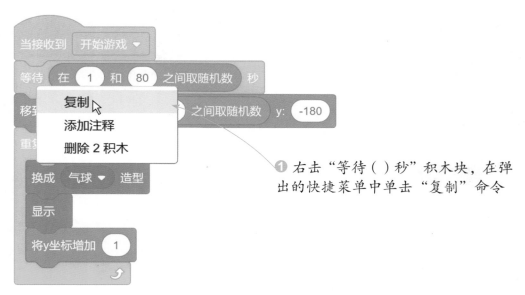

❶ 右击"等待（）秒"积木块，在弹出的快捷菜单中单击"复制"命令

❷ 单击粘贴复制的积木组，并删除多余的积木块

30 在气球上升的过程中，我们需要在键盘中按下与气球上的字母一样的按键来打中气球。因为此气球上的字母为 A，所以这里设置侦测条件为按下 a 键。需要注意的是，Scratch 在侦测按键时不区分字母的大小写，在键盘中按 A 键和按 a 键对 Scratch 来说是相同的操作。

❶ 添加"控制"模块下的"如果……那么……"积木块

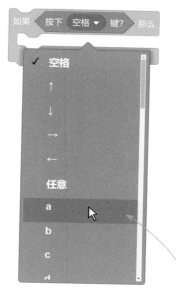

❷ 将"侦测"模块下的"按下( )键?"积木块拖动到"如果……那么……"积木块的条件框中

❸ 单击下拉按钮，在展开的列表中选择"a"选项

31 如果打中了气球，播放音效，将"分数"变量的值增加 1，并将气球角色切换为"爆炸"造型。

❶ 添加"声音"模块下的"播放声音（Pop）"积木块

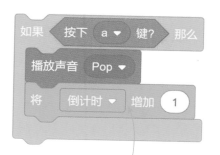

❷ 添加"变量"模块下的"将( )增加(1)"积木块

❸ 单击下拉按钮，在展开的列表中
选择"分数"选项

❹ 添加"外观"模块下的"换成（爆
炸）造型"积木块

32 等待 0.2 秒后，将显示为"爆炸"造型的气球角色隐藏起来。

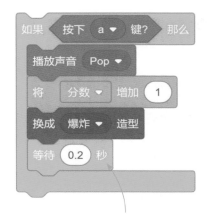

❶ 添加"控制"模块下的"等待（）
秒"积木块

❷ 将"等待（）秒"积木块框中的
数值更改为 0.2

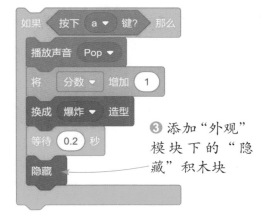

❸ 添加"外观"
模块下的"隐
藏"积木块

小提示

角色的显示与隐藏

在程序中添加角色后，可在角色
列表中单击"显示"选项右侧的"显示"
按钮⊙或"隐藏"按钮⊙来显示或隐
藏角色。若要在程序运行过程中显示
或隐藏角色，则要分别运用"外观"
模块下的"显示"和"隐藏"积木块。

33 在 1～80 秒之间随机等待一定的时间后，将气球角色重新移到舞台底部的随机位置。

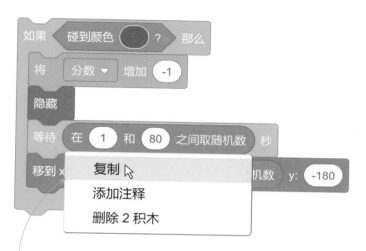

❶ 右击"等待（ ）秒"积木块，在弹出的快捷菜单中单击"复制"命令

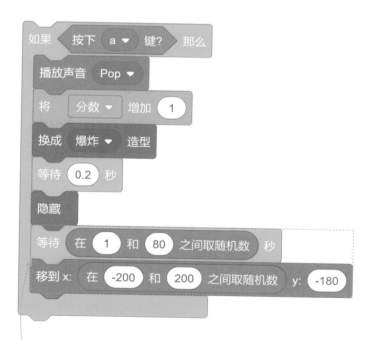

❷ 在"隐藏"积木块下方单击粘贴复制的积木组

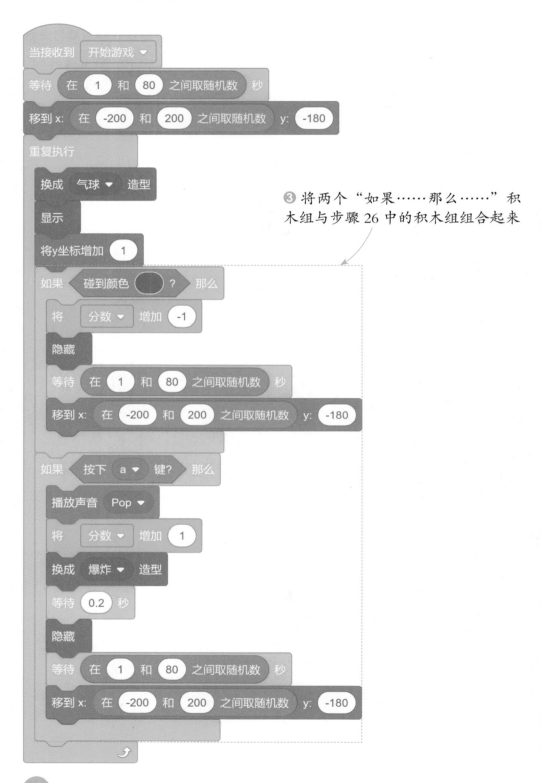

当接收到 开始游戏 ▼

等待 在 1 和 80 之间取随机数 秒

移到 x: 在 -200 和 200 之间取随机数 y: -180

重复执行

换成 气球 ▼ 造型

显示

将y坐标增加 1

❸ 将两个"如果……那么……"积木组与步骤 26 中的积木组组合起来

如果 碰到颜色 ? 那么

将 分数 ▼ 增加 -1

隐藏

等待 在 1 和 80 之间取随机数 秒

移到 x: 在 -200 和 200 之间取随机数 y: -180

如果 按下 a ▼ 键? 那么

播放声音 Pop ▼

将 分数 ▼ 增加 1

换成 爆炸 ▼ 造型

等待 0.2 秒

隐藏

等待 在 1 和 80 之间取随机数 秒

移到 x: 在 -200 和 200 之间取随机数 y: -180

34 当接收到"游戏结束"消息时，隐藏气球角色。

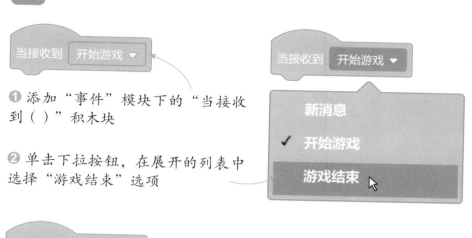

❶ 添加"事件"模块下的"当接收到（ ）"积木块

❷ 单击下拉按钮，在展开的列表中选择"游戏结束"选项

❸ 添加"外观"模块下的"隐藏"积木块

35 使用相同的思路为其余气球角色编写脚本，只需要将侦测的按键更改为角色对应的字母。

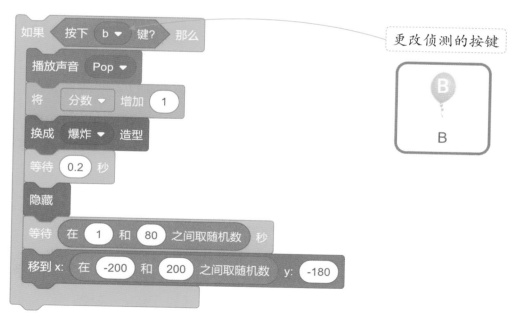

更改侦测的按键

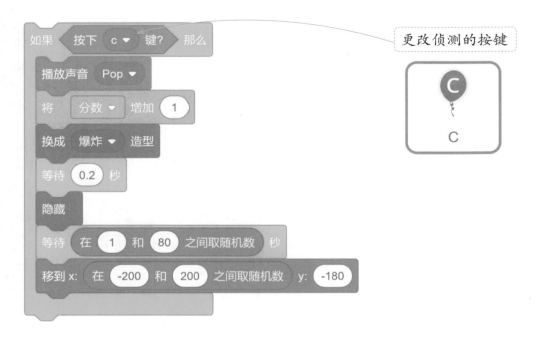

更改侦测的按键

36 选中"游戏结束"角色，为其编写脚本。当单击舞台左上角的▶按钮时，隐藏角色；当接收到"游戏结束"消息时，显示角色。

当单击▶按钮时，隐藏角色

当接收到"游戏结束"消息时，显示角色

到这里，这个游戏就制作完成了。我们还可以试一试提高游戏的难度，例如，当游戏时间超过一定的限制时，气球的上升速度就会变快。请小朋友们开动脑筋想一想，应该怎么修改脚本。

第7章
列表的运用
——猜猜它是谁

本章要制作的是一个"看图猜单词"类型的小游戏"猜猜它是谁"，制作难度和前面的游戏相比有所增加。在这个游戏中，我们会运用列表来组织和管理一批数据，以加快数据的处理速度。

设计思路

这个游戏会在界面中显示一张动物图片，小朋友需要根据图片中动物的名称输入对应的英文单词，若输入正确就会显示新的图片，若输入错误则会要求重新输入。下面来分析一下这个游戏的编程要点。

将动物名称添加到列表

舞台中显示的动物图片通过一个有很多造型的角色来实现，该角色的每个造型是一种动物的图片，造型名称则是动物名称对应的英文单词，然后将造型名称以循环的方式添加到列表中。因此，首先要创建一个名为"单词列表"的空列表。

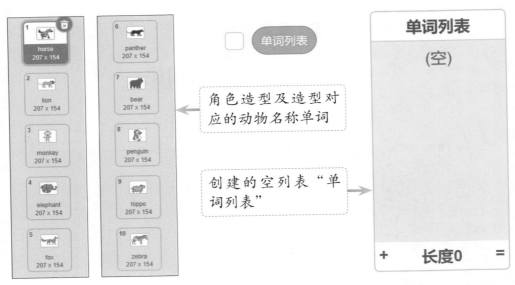

接下来需要将造型名称添加到"单词列表"中。使用"变量"模块下的"在（ ）的第（ ）项前插入（ ）"积木块和"外观"模块下的"造型（ ）"积木块，就可以达到目的。

这里需要将角色的所有造型名称添加到"单词列表",而"在()的第()项前插入()"积木块一次只能添加一个造型名称,因此还需要用到"重复执行()次"积木块,并根据造型的数量设定循环的次数。因为角色有 10 个造型,所以设定循环次数为 10 次。

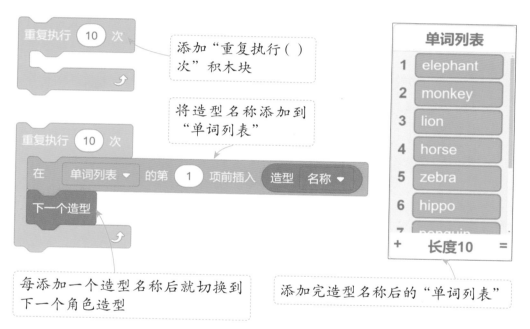

根据列表匹配动物图片

将所有造型名称添加到"单词列表"中后,接下来就要按照"单词列表"中存储的造型名称顺序依次在舞台中显示动物图片。在程序中,我们让显示的角色造型与"单词列表"的第 1 个单词对应,可以利用"重复执行直到()"积木块来实现,该积木块会执行循环直到某个条件为真为止。

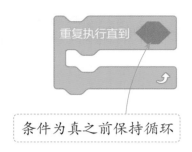

条件为真之前保持循环

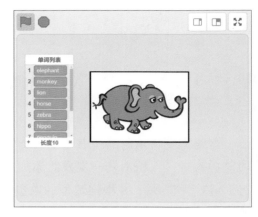

添加"重复执行直到（ ）"积木块

重复切换角色造型，直到显示的角色造型与"单词列表"的第1个单词对应

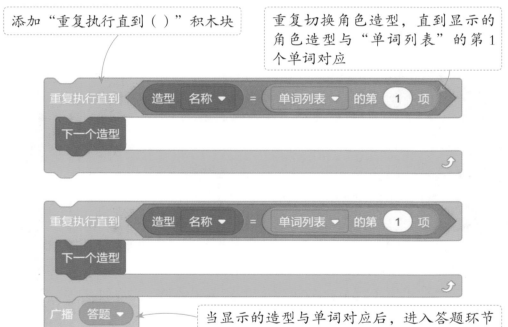

当显示的造型与单词对应后，进入答题环节

根据显示的角色造型作答

在答题环节中，小朋友要根据显示的动物图片作答。可以通过添加"询问（ ）并等待"积木块，让小朋友在弹出的输入框中输入与图片内容对应的英文单词，输入的内容将被存储到"回答"积木块中。

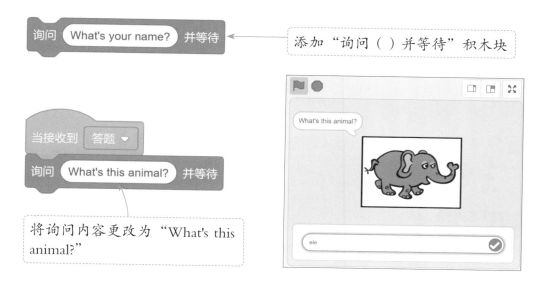

询问 What's your name? 并等待 ← 添加"询问（）并等待"积木块

当接收到 答题 ▼
询问 What's this animal? 并等待

将询问内容更改为"What's this animal?"

判断回答的正误

接下来就要对小朋友输入的内容进行正误判断：如果输入的内容与当前的角色造型名称相同，则回答正确，在舞台上显示"√"；如果输入的内容与当前的角色造型名称不同，则回答错误，在舞台上显示"×"，并要求重新输入，直到回答正确为止。这一功能主要使用"如果……那么……否则……"积木块来实现。

添加"如果……那么……否则……"积木块

判断输入的内容是否为当前的角色造型名称

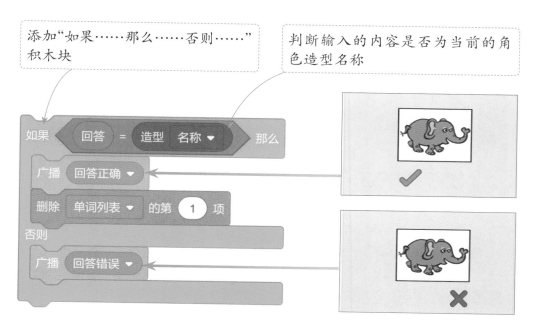

如果 回答 = 造型 名称 ▼ 那么
广播 回答正确 ▼
删除 单词列表 ▼ 的第 1 项
否则
广播 回答错误 ▼

步骤详解

通过前面的分析，我们掌握了整个案例的设计思路及主要会用到的积木块，接下来详细讲解制作的步骤。

1 创建新作品，上传自定义的"开始"背景，删除默认的"背景1"背景。

❶单击"上传背景"按钮

❷单击"开始"素材图像

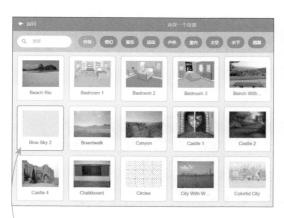

❸单击"打开"按钮

2 切换到"背景"选项卡，然后添加背景库中的"Blue Sky 2"背景，将其重命名为"游戏"。

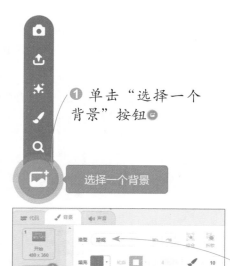

❶单击"选择一个背景"按钮

❷单击"Blue Sky 2"背景

❸输入造型名称"游戏"

3 切换到"声音"选项卡，为背景添加声音库中的"Emotional Piano"音效，作为游戏的背景音乐。

❶ 单击"选择一个声音"按钮 🔍

❷ 单击"可循环"标签

选择一个声音

❸ 单击"Emotional Piano"音效

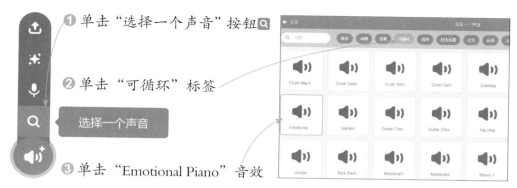

4 切换到"代码"选项卡，为背景编写脚本。当单击舞台左上角的 ▶ 按钮时，切换为"开始"背景。

❶ 添加"事件"模块下的"当 ▶ 被点击"积木块

❷ 添加"外观"模块下的"换成（开始）背景"积木块

5 循环播放背景音乐，增强游戏的体验。

❶ 添加"控制"模块下的"重复执行"积木块

❷ 添加"声音"模块下的"播放声音（）等待播完"积木块

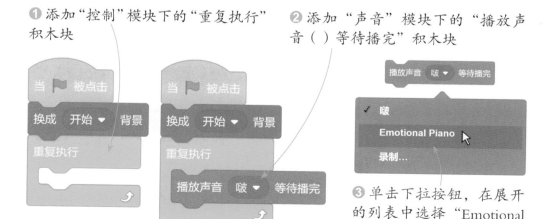

❸ 单击下拉按钮，在展开的列表中选择"Emotional Piano"选项

6 添加"当接收到（）"积木块，创建新消息"开始游戏"。

❶ 添加"事件"模块下的"当接收到（）"积木块

❷ 单击下拉按钮，在展开的列表中选择"新消息"选项

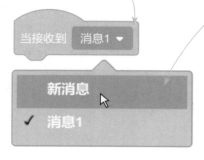

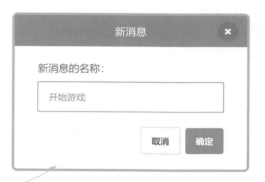

❸ 输入新消息的名称"开始游戏"，单击"确定"按钮

7 当接收到"开始游戏"消息时，切换为"游戏"背景。

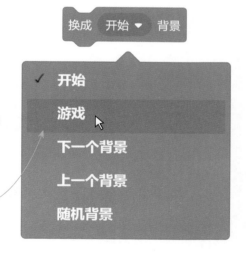

❶ 添加"外观"模块下的"换成（）背景"积木块

❷ 单击下拉按钮，在展开的列表中选择"游戏"选项

 小提示

位图与矢量图的转换

　　导入位图作为舞台背景时，为了方便编辑，往往需要将其转换为矢量图。单击绘图区下方的"转换为矢量图"按钮即可将位图转换为矢量图。将位图转换为矢量图后，也可以单击"转换为位图"按钮，将图像模式恢复为位图。

8 删除默认的小猫角色，然后上传自定义的"开始按钮"角色，在角色列表中调整角色的位置和大小。

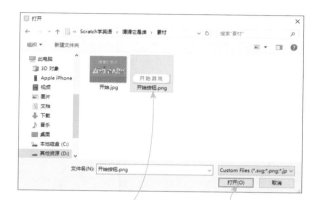

❶ 单击"上传角色"按钮

❷ 单击"开始按钮"素材图像　　❸ 单击"打开"按钮

❹ 输入角色坐标 x 为 0、y 为 −140，大小为 60

❺ 在舞台中显示设置后的角色效果

9 继续添加角色库中的"Horse"角色。

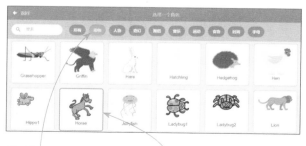

❶ 单击"选择一个角色"按钮

❷ 单击"动物"标签　　❸ 单击"Horse"角色

10 切换至"造型"选项卡，删除"horse-b"造型，将"horse-a"造型重命名为"horse"，然后使用"矩形"工具绘制一个矩形，作为动物图像的背景。

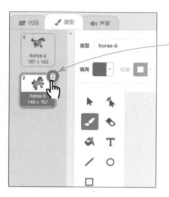

❶ 选中"horse-b"造型，单击"删除"按钮 🗑，删除该造型

❷ 输入新的造型名称"horse"

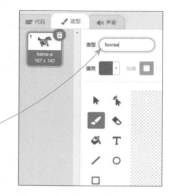

❹ 设置填充颜色为白色，轮廓颜色为黑色，粗细为 4

❺ 单击并拖动绘制矩形

❻ 单击"放最后面"按钮 ⬇

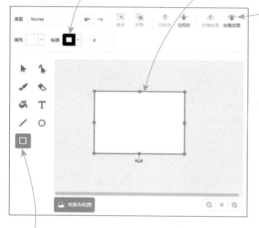

❸ 单击"矩形"工具 □

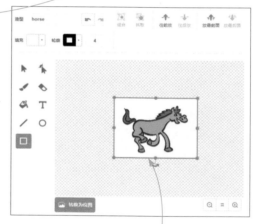

❼ 将绘制的矩形移到马的图像后方

11 添加"Lion-a"造型，更改造型名称为"lion"，并在造型下方添加相同的矩形。

❶ 单击"选择一个造型"按钮 🐱

选择一个造型

❷ 单击"动物"标签

❸ 单击"Lion-a"造型

❹ 输入新的造型名称"lion"

❺ 复制在"horse"造型中绘制的白色矩形，粘贴到添加的"lion"造型中

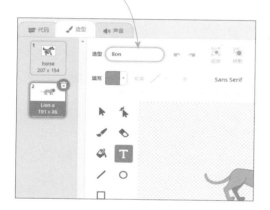

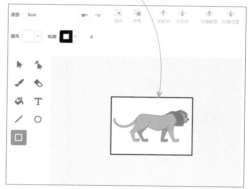

12 使用相同的方法添加其余的动物造型，并更改造型名称，在造型下方添加白色矩形。在角色列表中设置角色名和角色位置。

❶ 使用相同的方法添加更多造型

❷ 输入角色名"animal"，坐标x 为 0、y 为 25

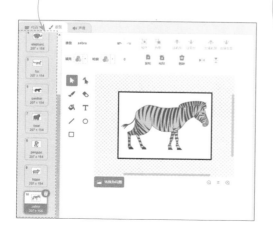

❸ 在舞台中显示设置的角色效果

13 添加角色库中的"Button4"和"Button5"角色，并分别重命名为"正确"和"错误"，然后调整角色的位置和大小。

14 选中"开始按钮"角色，为其编写脚本。当单击舞台左上角的▶按钮时，显示角色。

❶ 添加"事件"模块下的"当▶被点击"积木块

❷ 添加"外观"模块下的"显示"积木块

15 当单击舞台中显示的"开始按钮"角色时，广播"开始游戏"消息，然后隐藏角色。

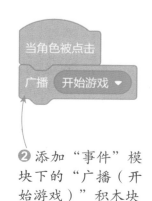

❶ 添加"事件"模块下的"当角色被点击"积木块

❷ 添加"事件"模块下的"广播（开始游戏）"积木块

❸ 添加"外观"模块下的"隐藏"积木块

16 创建一个名为"单词列表"的列表，然后隐藏该列表。

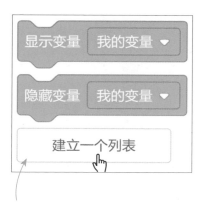

❶ 在"变量"模块下单击"建立一个列表"按钮

❷ 输入新的列表名"单词列表"

❸ 单击"确定"按钮

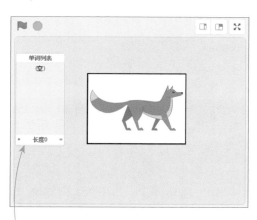

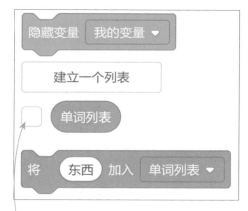

❹ 在舞台中显示创建的空列表"单词列表"

❺ 单击复选框，取消勾选状态，隐藏列表

17 选中"animal"角色，为其编写脚本。当单击舞台左上角的▶按钮时，隐藏该角色。

❶ 添加"事件"模块下的"当▶被点击"积木块

❷ 添加"外观"模块下的"隐藏"积木块

18 当接收到"开始游戏"消息时，删除"单词列表"中的所有项目。

❶ 添加"事件"模块下的"当接收到（开始游戏）"积木块

❷ 添加"变量"模块下的"删除（单词列表）的全部项目"积木块

19 因为"animal"角色有 10 个造型，所以需要重复执行 10 次，依次将造型名称添加到"单词列表"中。

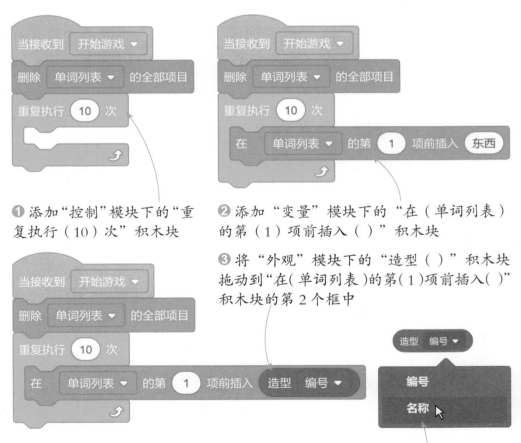

❶ 添加"控制"模块下的"重复执行（10）次"积木块

❷ 添加"变量"模块下的"在（单词列表）的第（1）项前插入（）"积木块

❸ 将"外观"模块下的"造型（）"积木块拖动到"在（单词列表）的第（1）项前插入（）"积木块的第 2 个框中

❹ 单击下拉按钮，在展开的列表中选择"名称"选项

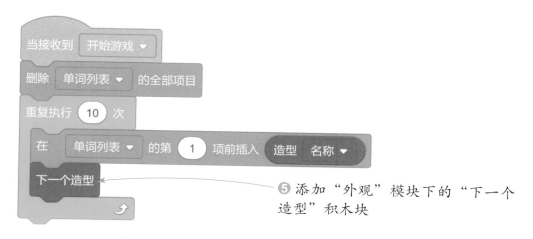

⑤ 添加"外观"模块下的"下一个造型"积木块

20 完成"单词列表"中单词的添加后，广播"卡片"消息。

❶ 添加"事件"模块下的"广播（ ）"积木块

❷ 单击下拉按钮，在展开的列表中选择"新消息"选项

❸ 输入新消息的名称"卡片"，单击"确定"按钮

21 当接收到"卡片"消息时，在舞台中显示角色。

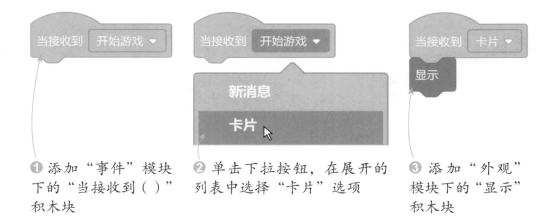

❶ 添加"事件"模块
下的"当接收到（ ）"
积木块

❷ 单击下拉按钮，在展开的
列表中选择"卡片"选项

❸ 添加"外观"
模块下的"显示"
积木块

22 不断切换舞台中显示的动物造型，直到造型名称与"单词列表"的第 1
项相同为止。

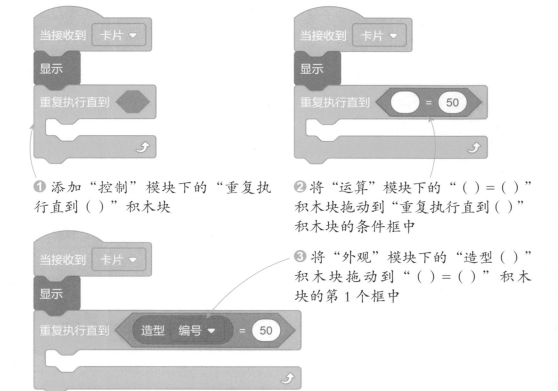

❶ 添加"控制"模块下的"重复执
行直到（ ）"积木块

❷ 将"运算"模块下的"（ ）=（ ）"
积木块拖动到"重复执行直到（ ）"
积木块的条件框中

❸ 将"外观"模块下的"造型（ ）"
积木块拖动到"（ ）=（ ）"积木
块的第 1 个框中

❹ 单击下拉按钮，在展开的列表中
选择"名称"选项

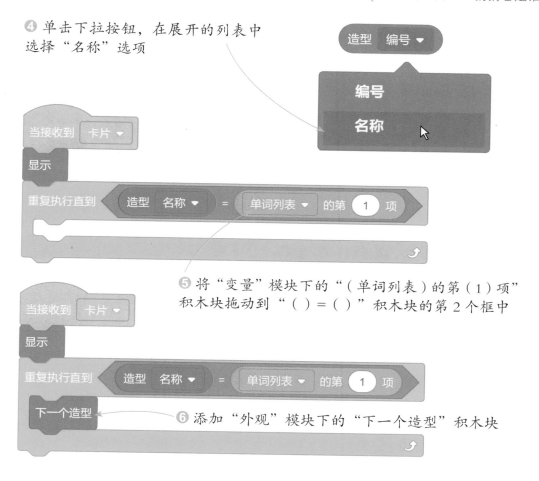

❺ 将"变量"模块下的"（单词列表）的第（1）项"
积木块拖动到"（）=（）"积木块的第 2 个框中

❻ 添加"外观"模块下的"下一个造型"积木块

23 接着广播"答题"消息，用户需要根据舞台中显示的动物造型答题。

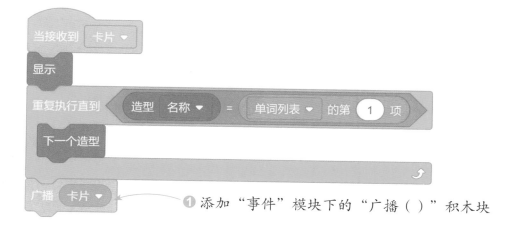

❶ 添加"事件"模块下的"广播（）"积木块

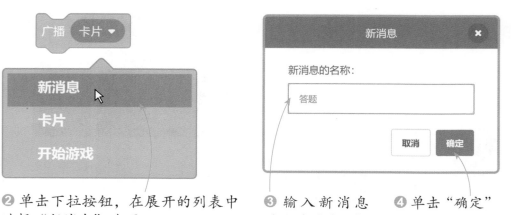

❷ 单击下拉按钮，在展开的列表中选择"新消息"选项

❸ 输入新消息的名称"答题"

❹ 单击"确定"按钮

 当接收到"答题"消息时，询问"What's this animal?"，并等待用户输入内容。

❶ 添加"事件"模块下的"当接收到（）"积木块

❷ 单击下拉按钮，在展开的列表中选择"答题"选项

❸ 添加"侦测"模块下的"询问（）并等待"积木块

❹ 将"询问（）并等待"积木块框中的文字更改为"What's this animal?"

25 判断输入的内容是否与显示的角色造型名称一致。

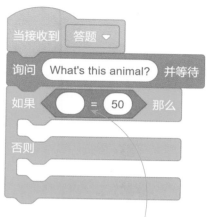

❶ 添加"控制"模块下的"如果……那么……否则……"积木块

❷ 将"运算"模块下的"( ) = ( )"积木块拖动到"如果……那么……否则……"积木块的条件框中

当接收到 答题 ▼
询问 What's this animal? 并等待
如果 回答 = 造型 编号 ▼ 那么
否则

❸ 将"侦测"模块下的"回答"积木块拖动到"( ) = ( )"积木块的第 1 个框中

造型 编号 ▼

编号
名称

❹ 将"外观"模块下的"造型 ( )"积木块拖动到"( ) = ( )"积木块的第 2 个框中

❺ 单击下拉按钮,在展开的列表中选择"名称"选项

26 如果输入的内容与显示的造型名称相同，说明回答正确，则广播"回答正确"消息，然后删除"单词列表"的第 1 项，即回答正确的单词，让该单词不再出现在后续的游戏过程中。

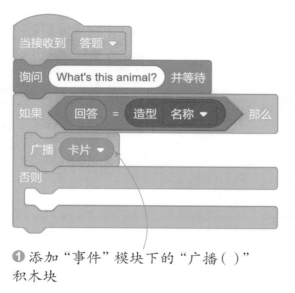

❶ 添加"事件"模块下的"广播（ ）"积木块

❷ 单击下拉按钮，在展开的列表中选择"新消息"选项

❸ 输入新消息的名称"回答正确"

❹ 单击"确定"按钮

❺ 添加"变量"模块下的"删除（单词列表）的第（1）项"积木块

27 如果输入的内容与显示的造型名称不一致，说明回答错误，则广播"回答错误"消息。

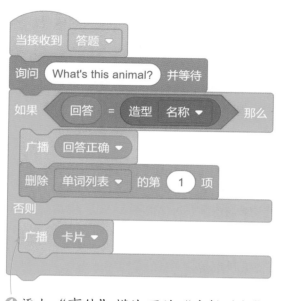

❶ 添加 "事件" 模块下的 "广播 ( )"
积木块

❷ 单击下拉按钮, 在展开的
列表中选择 "新消息" 选项

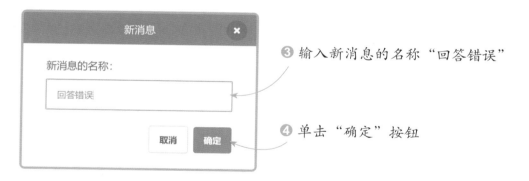

❸ 输入新消息的名称 "回答错误"

❹ 单击 "确定" 按钮

小提示

广播和接收消息

　　在 Scratch 中, 不同角色之间的相互合作需要通过消息的广播和接收来实现。
广播消息的积木块有 "广播 ( )" 和 "广播 ( ) 并等待"。 "广播 ( )" 积木块
会在广播消息后立即继续执行其下方的脚本, 而 "广播 ( ) 并等待" 积木块在广
播消息后会等待所有被此消息触发的脚本执行完毕后, 才继续执行其下方的脚本。
接收消息的积木块即 "当接收到 ( )" 积木块, 比较简单, 这里不再展开讲解。

28 选中"正确"角色，为其编写脚本。当单击舞台左上角的▶按钮时，隐藏该角色。

❶ 添加"事件"模块下的"当▶被点击"积木块

❷ 添加"外观"模块下的"隐藏"积木块

29 当接收到"回答正确"消息时，显示角色，提示用户输入的单词正确。

❶ 添加"事件"模块下的"当接收到（ ）"积木块

❷ 单击下拉按钮，在展开的列表中选择"回答正确"选项

❸ 添加"外观"模块下的"显示"积木块

30 重复执行角色的放大操作，将角色放大显示。

❶ 添加"控制"模块下的"重复执行（10）次"积木块

❷ 添加"外观"模块下的"将大小增加（ ）"积木块

❸ 把"将大小增加（ ）"积木块框中的数值更改为 5

31 复制"重复执行（ ）次"积木组，重复执行角色的缩小操作，将角色恢复到原来的大小，然后隐藏角色。

❶ 右击"重复执行（ ）次"积木块，在弹出的快捷菜单中单击"复制"命令

❷ 单击粘贴复制的"重复执行（ ）次"积木组

❸ 把"将大小增加（ ）"积木块框中的数值更改为 −5

❹ 添加"外观"模块下的"隐藏"积木块

32 如果"单词列表"的项目数为 0，说明答对了所有题目，此时停止全部脚本的运行。否则广播"卡片"消息，显示其他动物图片，继续答题。

❶ 添加"控制"模块下的"如果……那么……否则……"积木块

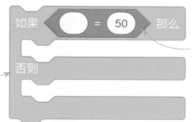

❷ 将"运算"模块下的"（ ）=（ ）"积木块拖动到"如果……那么……否则……"积木块的条件框中

❸ 将"变量"模块下的"（单词列表）的项目数"积木块拖动到"（ ）=（ ）"积木块的第 1 个框中

❹ 将"（ ）=（ ）"积木块第 2 个框中的数值更改为 0

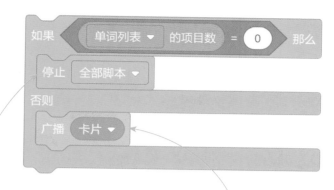

❺ 添加"控制"模块下的"停止（全部脚本）"积木块

❻ 添加"事件"模块下的"广播（卡片）"积木块

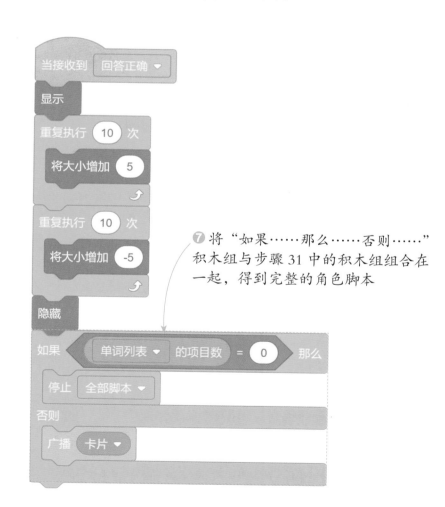

❼ 将"如果……那么……否则……"积木组与步骤 31 中的积木组组合在一起，得到完整的角色脚本

33 选中"错误"角色，为其编写与"正确"角色相似的脚本，将接收的消息设置为"回答错误"，将广播的消息设置为"答题"。

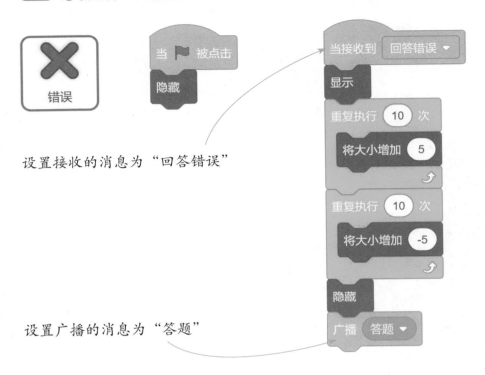

设置接收的消息为"回答错误"

设置广播的消息为"答题"

　　到这里，这个游戏就制作完成了。小朋友们可以试一试将图片换成其他内容，如交通工具、国旗等，让游戏的内容变得更加丰富。

第 8 章

键盘的交互

——趣味捡苹果

相信很多小朋友都能熟练地背诵英文字母表，本章就要设计一款"趣味捡苹果"的小游戏来考查大家对字母表的熟悉程度。这个游戏仍然会用到列表的相关积木块，帮助小朋友加深对列表知识的理解。

设计思路

在游戏刚开始时，界面中会显示 6 个苹果，每个苹果上都有一个英文字母，同时会显示一个篮子，玩家需要用键盘上的方向键移动篮子，按照苹果上英文字母的先后顺序"捡起"苹果。

让字母随机出现

创建 6 个苹果角色，每个苹果角色都包含 26 个造型，分别对应字母表中的 26 个字母，每个造型的编号就对应这个字母在字母表中的先后顺序。

角色包含的 26 个造型

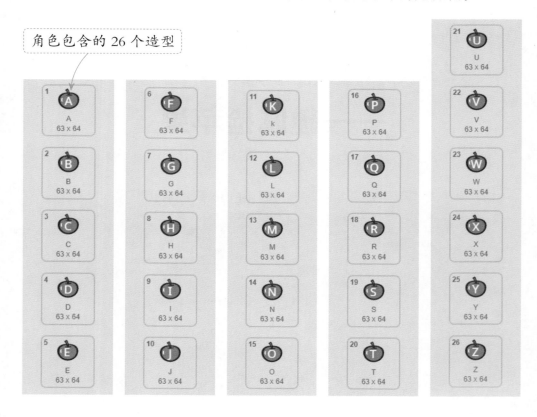

在游戏开始时，我们要让这 6 个苹果在指定的区域范围内随机出现，并且从 26 个造型中随机选择一个造型显示出来。这些效果主要应用"在（）和（）之间取随机数"积木块来实现。

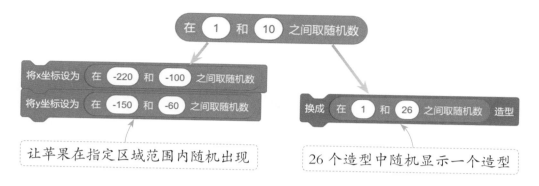

让苹果在指定区域范围内随机出现

26 个造型中随机显示一个造型

将造型编号加入列表

在舞台上显示完 6 个苹果后，需要对这些苹果上的字母进行排序，也就是对这些角色的当前造型编号进行排序，以确定捡苹果的正确顺序。在排序前需要先收集造型编号，因此创建一个名为"字母"的列表，再将造型编号添加到这个列表中。

将苹果角色的当前造型编号添加到"字母"列表中

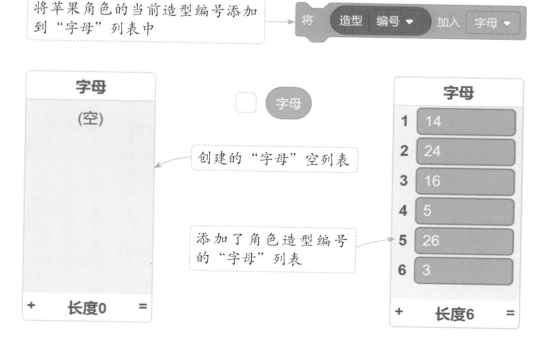

创建的"字母"空列表

添加了角色造型编号的"字母"列表

对列表中的造型编号进行排序

收集完造型编号，就可以开始将这些数字按从小到大的顺序排列，以排序后的造型编号作为捡苹果的正确顺序。

先创建"是否完成排序""列表第 n 项""交换数据" 3 个变量。"是否完成排序"变量用于判断排序是否完成；"列表第 n 项"变量用于确定需要比较的元素位置；"交换数据"变量则是在交换数字时作为一个临时的存储空间来使用。在程序开始时设置排序完成的判断条件为"是否完成排序"变量的值等于 1。

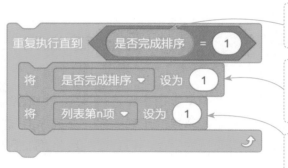

当"是否完成排序"变量的值等于 1 时，表示排序已经完成

先将"是否完成排序"变量的值设为 1，假设本轮排序中未进行数字交换

从"字母"列表的第 1 个数字开始比较

因为每一轮排序都需要对列表中的元素依次进行两两比较，所以比较的次数为列表元素总个数减 1 次。这里用"重复执行（）次"积木块设置一个限次循环来限制比较的次数。

添加"重复执行（）次"积木块

设置重复执行次数为元素个数减 1 次

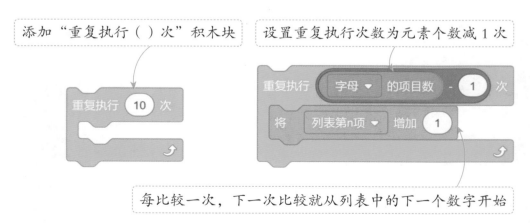

每比较一次，下一次比较就从列表中的下一个数字开始

因为这里要让列表中的数字按从小到大的顺序排列，所以使用如下的排序规则：如果前一个数字大于后一个数字，则交换两个数字的位置；否则不做交换。这样依次比较和交换，就能让"字母"列表中的数字按从小到大的顺序排列。

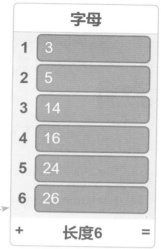

依次比较列表中相邻两个数字的大小

按从小到大顺序排列的"字母"列表

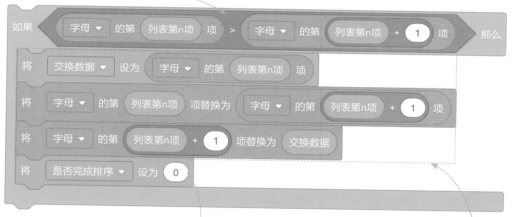

将"是否完成排序"变量的值设为0，表示本轮排序中发生了数字交换

利用"交换数据"变量交换两个数字的位置

判断捡苹果顺序的正误

完成造型编号的排序后，就可以开始捡苹果了。玩家需要按下键盘中的↑、↓、←、→键来移动舞台中的篮子。当篮子碰到某个苹果时，判断该苹果的造型编号是否与"字母"列表的第 1 项相同。如果相同，说明该苹果上的字母在6 个苹果的字母中顺序最靠前，这时就可以按下空格键捡起苹果；如果不相同，则说明捡的顺序不对，需要给出提示。这里利用"如果……那么……否则……"积木块根据不同的判断结果执行不同的脚本。

判断篮子碰到的那个苹果的造型编号是否等于"字母"列表的第 1 项

如果条件成立，则删除列表的第 1 项，然后隐藏苹果，并播放音效

如果条件不成立，则提示没有按正确的顺序捡苹果

步骤详解

通过前面的分析，我们掌握了整个案例的设计思路及主要会用到的积木块，接下来详细讲解制作的步骤。

1 创建新作品，添加背景库中的"Blue Sky"背景。

❶ 单击"选择一个背景"按钮 ⊙   ❷ 单击"Blue Sky"背景

2 删除默认的"背景 1"背景，将添加的"Blue Sky"背景重命名为"开始"。

❶ 选中"背景 1"背景，单击"删除"按钮🗑，删除该背景

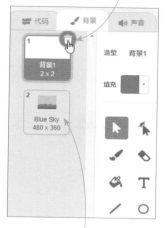

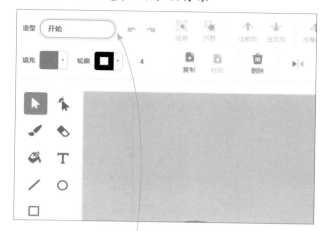

❷ 选中"Blue Sky"背景　　　❸ 输入新的造型名称"开始"

3 上传自定义的"果园""结束""胜利"3 个背景。

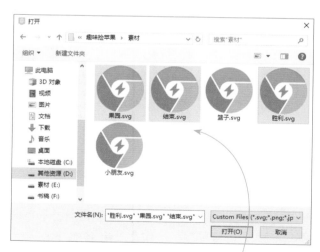

❶ 单击"上传背景"按钮 📤　　　❷ 按住 Ctrl 键依次单击"果园""结束""胜利"素材图像，单击"打开"按钮

小提示

调整背景素材的大小

　　如果添加的矢量格式背景素材的大小不合适，可以在"背景"选项卡下选中其造型，然后按下快捷键 Ctrl+A，全选图像，显示编辑框，拖动编辑框中的图像至边缘，将鼠标指针置于转角位置，当鼠标指针显示为↖时，单击并向内侧拖动就可以调整图像大小。调整完图像大小后，将图像移到绘图区中间位置即可。

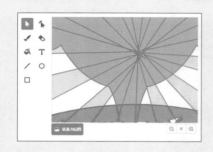 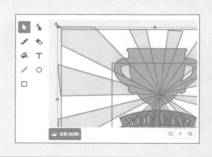

4 删除默认的小猫角色，上传自定义的"篮子"和"小朋友"两个角色。

上传角色

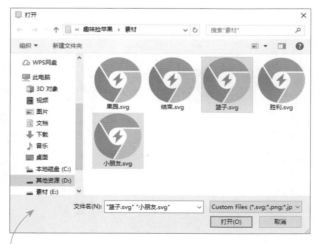

❶ 单击"上传角色"按钮 ⬆

❷ 按住 Ctrl 键依次单击"篮子"和"小朋友"素材图像，单击"打开"按钮

5 在角色列表中分别选中"小朋友"和"篮子"角色，调整角色的位置和大小。

6 添加角色库中的"Apple"角色，将其重命名为"苹果1"，调整角色的大小。然后在"声音"选项卡下为角色添加声音库中的"Magic Spell"音效。

❶ 单击"选择一个角色"按钮 😺

❷ 单击"Apple"角色

❸ 输入角色名"苹果1"，设置大小为75

❹ 在舞台中显示设置后的角色效果

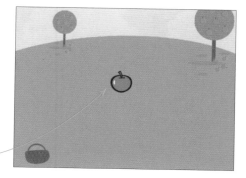

❺ 添加声音库中的"Magic Spell"音效

7 更改角色造型名称，然后用"文本"工具在苹果中间位置输入字母"A"，并将其调整至合适大小。

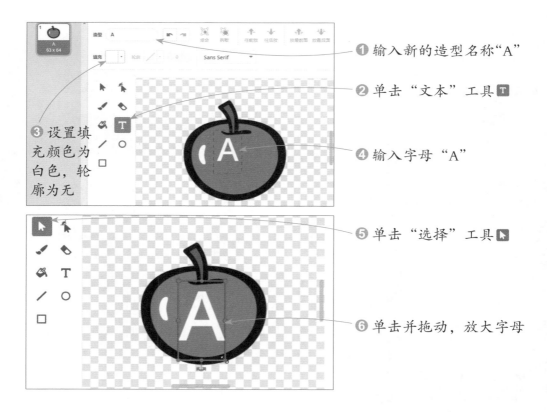

❶ 输入新的造型名称"A"

❷ 单击"文本"工具 T

❸ 设置填充颜色为白色，轮廓为无

❹ 输入字母"A"

❺ 单击"选择"工具

❻ 单击并拖动，放大字母

8 复制角色造型，更改造型名称，然后使用"文本"工具更改苹果中间的字母。使用相同的方法为"苹果 1"角色添加更多造型，分别对应 26 个字母。

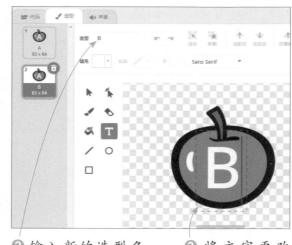

❶ 右击"A"造型，在弹出的快捷菜单中单击"复制"命令

❷ 输入新的造型名称"B"

❸ 将文字更改为字母"B"

9 根据游戏设定，创建"是否完成排序""剩余时间""列表第 n 项""交换数据"4 个变量。

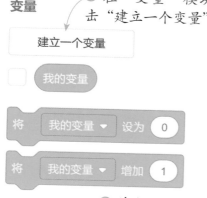

❶ 在"变量"模块下单击"建立一个变量"按钮

❷ 输入新变量名"是否完成排序"

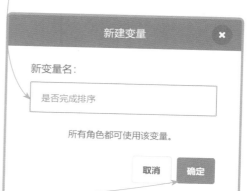

❸ 单击"确定"按钮

❹ 创建"是否完成排序"变量

❺ 使用相同的方法创建"交换数据""列表第 n 项""剩余时间"变量

❻ 隐藏"交换数据""列表第 n 项""是否完成排序"变量

10 创建"字母"列表，并隐藏该列表。

隐藏变量 交换数据 ▼

❶ 在"变量"模块下单击"建立一个列表"按钮

建立一个列表

❷ 输入新的列表名"字母"

❸ 单击"确定"按钮

❹ 创建"字母"列表

❺ 单击"字母"列表前的复选框，取消勾选状态

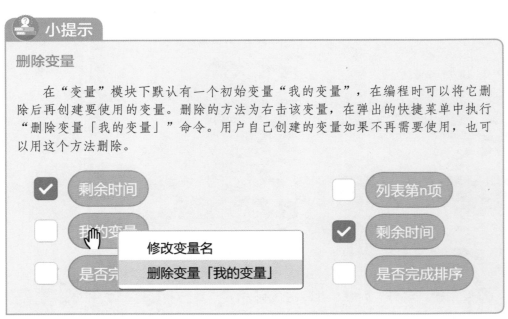

小提示

删除变量

　　在"变量"模块下默认有一个初始变量"我的变量"，在编程时可以将它删除后再创建要使用的变量。删除的方法为右击该变量，在弹出的快捷菜单中执行"删除变量「我的变量」"命令。用户自己创建的变量如果不再需要使用，也可以用这个方法删除。

　　为背景编写脚本。当单击舞台左上角的 🚩 按钮时，切换为"开始"背景。

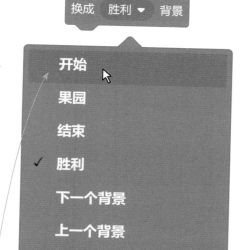

❶ 添加"事件"模块下的"当▶被点击"积木块

❷ 添加"外观"模块下的"换成（ ）背景"积木块

❸ 单击下拉按钮，在展开的列表中选择"开始"选项

12 删除"字母"列表的所有内容，然后隐藏"剩余时间"变量。

❶ 添加"变量"模块下的"删除（字母）的全部项目"积木块

❷ 添加"变量"模块下的"隐藏变量（ ）"积木块

❸ 单击下拉按钮，在展开的列表中选择"剩余时间"选项

13 添加"当接收到（）"积木块，创建新消息"游戏开始"。

❶ 添加"事件"模块下的"当接收到（）"积木块

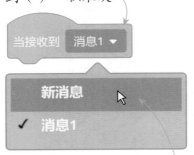

❸ 输入新消息的名称"游戏开始"，单击"确定"按钮

❷ 单击下拉按钮，在展开的列表中选择"新消息"选项

14 当接收到"游戏开始"消息时，切换为"果园"背景，然后在舞台上显示"剩余时间"变量。

❶ 添加"外观"模块下的"换成（）背景"积木块

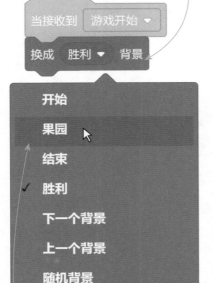

❷ 单击下拉按钮，在展开的列表中选择"果园"选项

❸ 添加"变量"模块下的"显示变量（）"积木块

❹ 单击下拉按钮，在展开的列表中选择"剩余时间"选项

15 在游戏开始时，设置"剩余时间"变量的初始值为 30，即需要在 30 秒内捡完苹果。

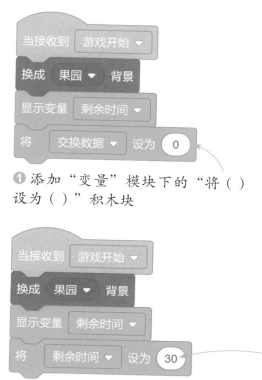

❶ 添加"变量"模块下的"将（ ）设为（ ）"积木块

❷ 单击下拉按钮，在展开的列表中选择"剩余时间"选项

❸ 把"将（剩余时间）设为（ ）"积木块框中的数值更改为 30

16 利用"重复执行（ ）次"积木块，每隔 1 秒就让"剩余时间"变量的值减少 1，实现倒计时的效果。

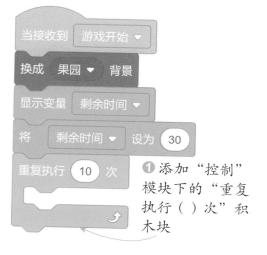

❶ 添加"控制"模块下的"重复执行（ ）次"积木块

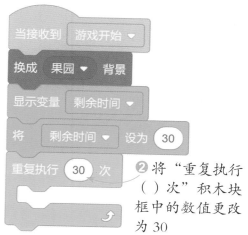

❷ 将"重复执行（ ）次"积木块框中的数值更改为 30

❸ 添加"控制"模块下的"等待（1）秒"积木块

❹ 添加"变量"模块下的"将（ ）增加（ ）"积木块

❺ 单击下拉按钮，在展开的列表中选择"剩余时间"选项

❻ 把"将（剩余时间）增加（ ）"积木块框中的数值更改为 -1

17 倒计时结束后，广播"时间到"消息，通知舞台上的角色执行结束游戏的操作。

❶ 添加"事件"模块下的"广播（ ）"积木块

❷ 单击下拉按钮，在展开的列表中选择"新消息"选项

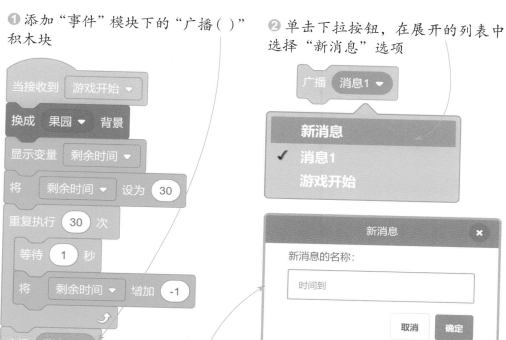

❸ 输入新消息的名称"时间到"，单击"确定"按钮

18 切换为"结束"背景，并停止运行所有脚本。

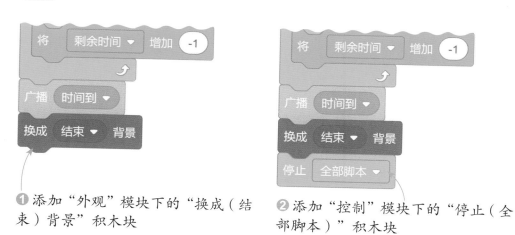

❶ 添加"外观"模块下的"换成（结束）背景"积木块

❷ 添加"控制"模块下的"停止（全部脚本）"积木块

19 当接收到"游戏开始"消息时，开始对"字母"列表中的造型编号进行排序。先将"是否完成排序"变量的初始值设置为 0。

❶ 添加"事件"模块下的"当接收到（ ）"积木块

❸ 添加"变量"模块下的"将（ ）设为（0）"积木块

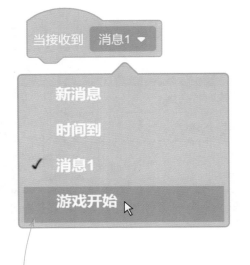

❷ 单击下拉按钮，在展开的列表中选择"游戏开始"选项

❹ 单击下拉按钮，在展开的列表中选择"是否完成排序"选项

20 添加"重复执行直到（ ）"积木块，设置排序完成的判断条件为"是否完成排序"变量的值等于 1。

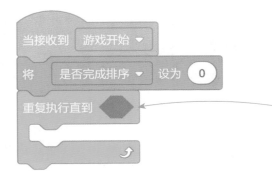

❶ 添加"控制"模块下的"重复执行直到（ ）"积木块

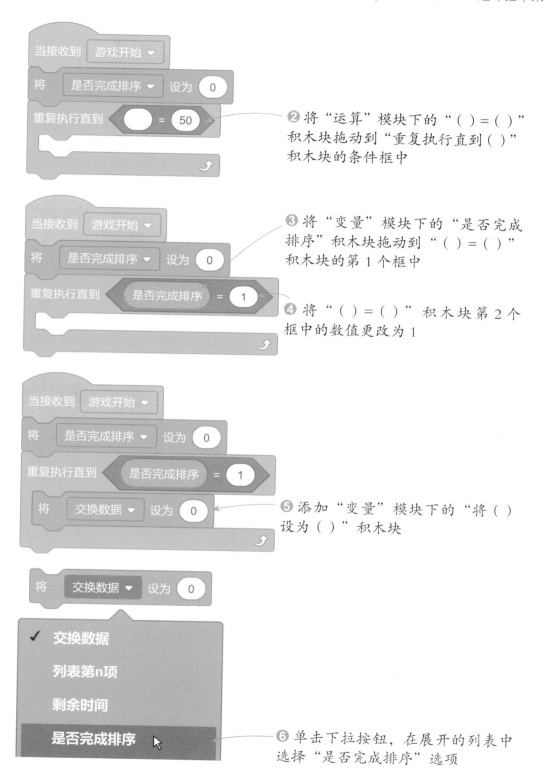

❷ 将"运算"模块下的"( ) = ( )"
积木块拖动到"重复执行直到( )"
积木块的条件框中

❸ 将"变量"模块下的"是否完成
排序"积木块拖动到"( ) = ( )"
积木块的第 1 个框中

❹ 将"( ) = ( )"积木块第 2 个
框中的数值更改为 1

❺ 添加"变量"模块下的"将( )
设为( )"积木块

❻ 单击下拉按钮，在展开的列表中
选择"是否完成排序"选项

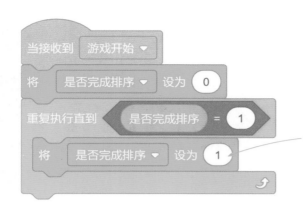

❼ 把"将（是否完成排序）设为
（ ）"积木块框中的数值更改为 1

❽ 添加"变量"模块下的"将（ ）设为（ ）"
积木块

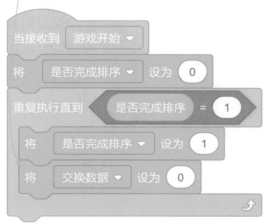

❾ 单击下拉按钮，在展开的列表中选
择"列表第 n 项"选项

❿ 把"将（列表第 n 项）设为（ ）"
积木块框中的数值更改为 1

21 接着需要对"字母"列表中的造型编号依次进行两两比较，先设置比较
的次数为列表的总元素个数减 1。

❶ 添加"控制"模块下的"重复执行（ ）次"
积木块

❷ 将"运算"模块下的"（ ）-（ ）"积木
块拖动到"重复执行（ ）次"积木块的框中

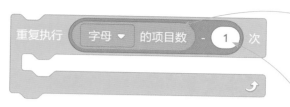

❸ 将"变量"模块下的"（字母）的项目数"积木块拖动到"（ ）－（ ）"积木块的第 1 个框中

❹ 将"（ ）－（ ）"积木块第 2 个框中的数值更改为 1

22 然后从列表的第 1 个数字和第 2 个数字开始进行比较。

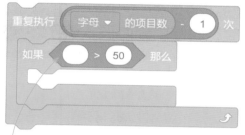

❶ 添加"控制"模块下的"如果……那么……"积木块

❷ 将"运算"模块下的"（ ）>（ ）"积木块拖动到"如果……那么……"积木块的条件框中

❸ 将"变量"模块下的"（字母）的第（ ）项"积木块拖动到"（ ）>（ ）"积木块的第 1 个框中

❹ 将"变量"模块下的"列表第 n 项"积木块拖动到"（字母）的第（ ）项"积木块的框中

❺ 将"变量"模块下的"（字母）的第（）项"积木块拖动到"（）>（）"
积木块的第 2 个框中

❻ 将"运算"模块下的"（）+（）"积木块拖动到"（字母）的第（）项"
积木块的框中

❼ 将"变量"模块下的"列表第 n 项"积木块拖动到"（）+（）"积木块
的第 1 个框中

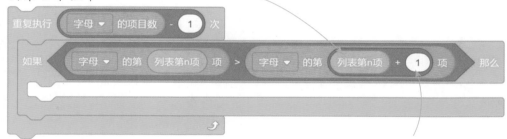

❽ 在"（）+（）"积木块的第 2 个框中输入数值 1

23 如果第 1 个数字比第 2 个数字大，则利用"交换数据"变量交换两个数
字的位置。

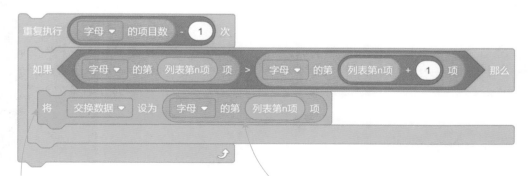

❶ 添加"变量"模块下的"将（交
换数据）设为（）"积木块

❷ 将"（字母）的第（列表第 n 项）
项"积木组复制到"将（交换数据）
设为（）"积木块的框中

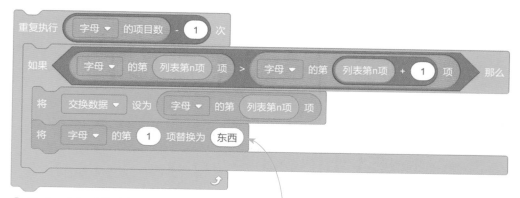

❸ 添加"变量"模块下的"将（字母）的第（）项替换为（）"积木块

❹ 将"变量"模块下的"列表第 n 项"积木块拖动到"将（字母）的第（）项替换为（）"积木块的第 1 个框中

❺ 将"（字母）的第（（列表第 n 项）+（1））项"积木组复制到"将（字母）的第（）项替换为（）"积木块的第 2 个框中

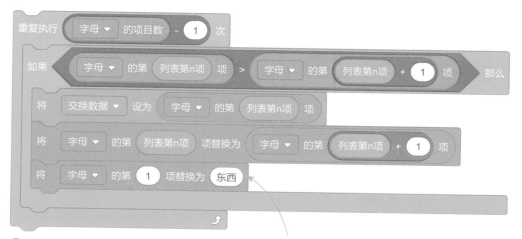

❻ 再次添加"变量"模块下的"将（字母）的第（）项替换为（）"积木块

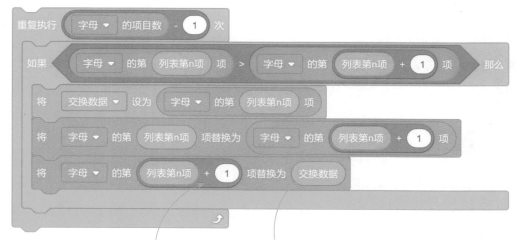

❼ 将"（列表第 n 项）+（1）"积木组复制到"将（字母）的第（）项替换为（）"积木块的第 1 个框中

❽ 将"变量"模块下的"交换数据"积木块拖动到"将（字母）的第（）项替换为（）"积木块的第 2 个框中

24 完成数字的比较和交换后，将"是否完成排序"变量的值设置为 0，表示发生过数字的交换，排序并未完成。

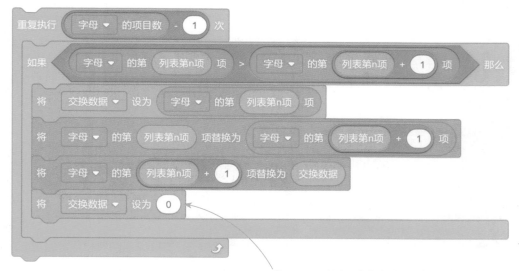

❶ 添加"变量"模块下的"将（）设为（0）"积木块

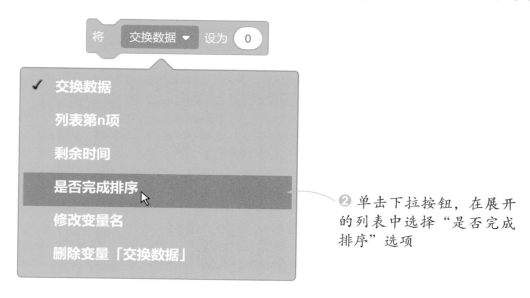

❷ 单击下拉按钮，在展开
的列表中选择"是否完成
排序"选项

25 接着将"列表第 n 项"变量的值增加 1，重复执行数字的比较操作，直
到完成列表中所有数字的比较，将所有数字按照从小到大的顺序排列。

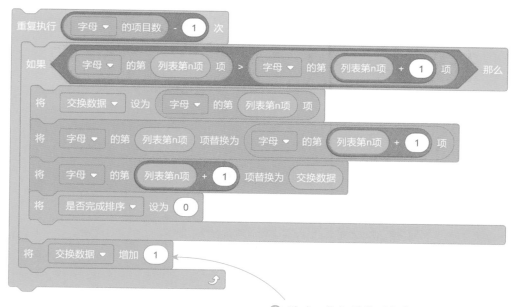

❶ 添加"变量"模块下的"将（ ）
增加（1）"积木块

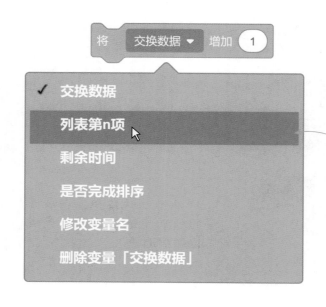

❷ 单击下拉按钮，在展开的列表中选择"列表第 n 项"选项

26 每捡起一个苹果就要删除"字母"列表中对应的数字，当捡完所有苹果时，列表中所有的数字都被删除。添加"等待（）"积木块，直到"字母"列表中的所有数字被删除再执行游戏胜利的操作。

❶ 添加"控制"模块下的"等待（）"积木块

❸ 将"变量"模块下的"（字母）的项目数"积木块拖动到"（）=（）"积木块的第 1 个框中

❷ 将"运算"模块下的"（）=（）"积木块拖动到"等待（）"积木块的条件框中

❹ 将"（）=（）"积木块第 2 个框中的数值更改为 0

27 当"字母"列表的项目数为 0 时，等待 0.5 秒，然后广播"胜利"的消息。

❶ 添加"控制"模块下的"等待（0.5）秒"积木块

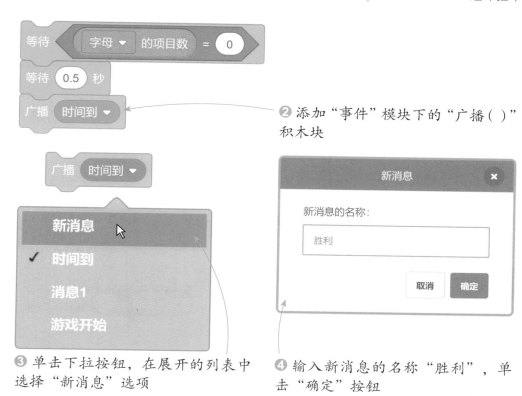

❷ 添加"事件"模块下的"广播( )"积木块

❸ 单击下拉按钮，在展开的列表中选择"新消息"选项

❹ 输入新消息的名称"胜利"，单击"确定"按钮

28 切换至"胜利"背景，显示游戏胜利的画面，并停止运行全部脚本。

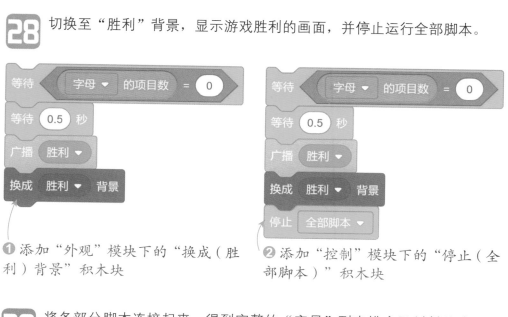

❶ 添加"外观"模块下的"换成（胜利）背景"积木块

❷ 添加"控制"模块下的"停止（全部脚本）"积木块

29 将各部分脚本连接起来，得到完整的"字母"列表排序及判断游戏是否胜利的脚本。在连接脚本时，要注意各部分连接的位置和嵌套方式。

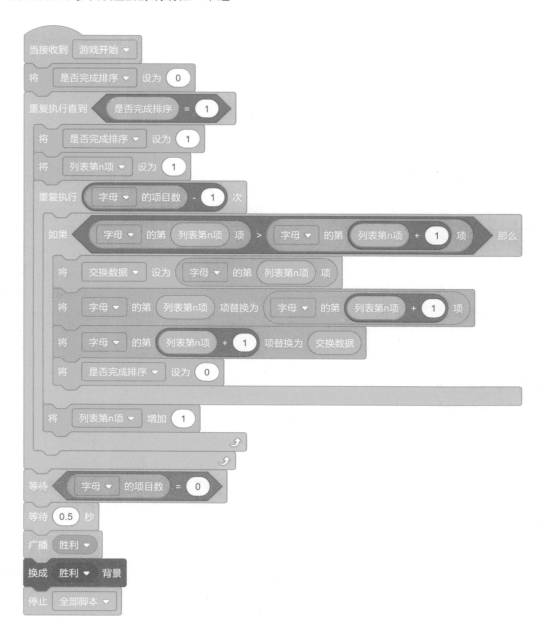

30 选中"小朋友"角色，为其编写脚本。当单击舞台左上角的▶按钮时，显示角色，并让角色开始介绍游戏的背景。

❶ 添加"事件"模块下的"当▶被点击"积木块

❷ 添加"外观"模块下的"显示"积木块

❸ 添加"外观"模块下的"说（ ）（2）秒"积木块

❹ 将"说（ ）（2）秒"积木块第 1 个框中的文字更改为"果园里掉了一些苹果。"

31 再添加多个"说（ ）（2）秒"积木块，让角色依次说出游戏的规则和玩法。说完后先隐藏角色，然后广播"摆放苹果"消息，通知 6 个苹果角色确定好自身的位置和造型，再广播"游戏开始"消息，开始捡苹果。

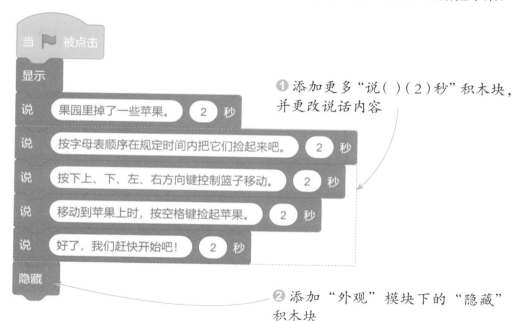

❶ 添加更多"说（ ）（2）秒"积木块，并更改说话内容

❷ 添加"外观"模块下的"隐藏"积木块

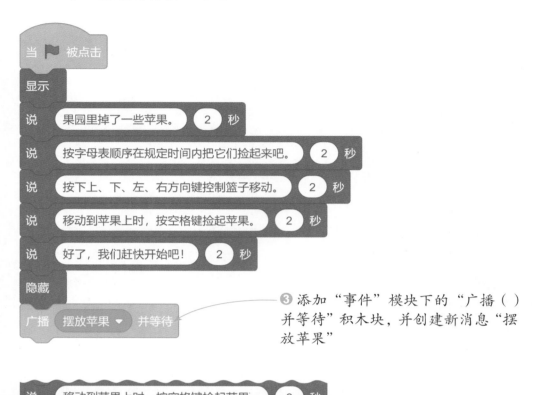

❸ 添加"事件"模块下的"广播（）并等待"积木块，并创建新消息"摆放苹果"

❹ 添加"事件"模块下的"广播（游戏开始）"积木块

32 选中"篮子"角色，为其编写脚本。当单击舞台左上角的▶按钮时，隐藏角色；当接收到"时间到"和"胜利"消息时，也隐藏角色。

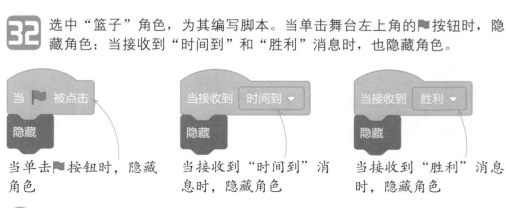

当单击▶按钮时，隐藏角色　　当接收到"时间到"消息时，隐藏角色　　当接收到"胜利"消息时，隐藏角色

33 当接收到"游戏开始"消息时，将"篮子"角色移到舞台左下角位置，并显示出来。

❶ 添加"事件"模块下的"当接收到（ ）"积木块

❷ 单击下拉按钮，在展开的列表中选择"游戏开始"选项

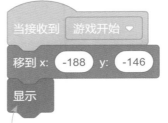

❸ 添加"运动"模块下的"移到 x：（－188）y：（－146）"积木块

❹ 添加"外观"模块下的"显示"积木块

34 当按下键盘上的←键时，更改"篮子"角色的 x 坐标值，让"篮子"角色向左移动。

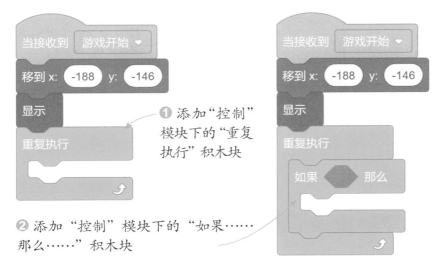

❶ 添加"控制"模块下的"重复执行"积木块

❷ 添加"控制"模块下的"如果……那么……"积木块

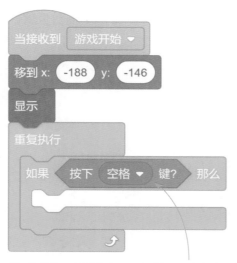

❸ 将"侦测"模块下的"按下( )键?"
积木块拖动到"如果……那么……"
积木块的条件框中

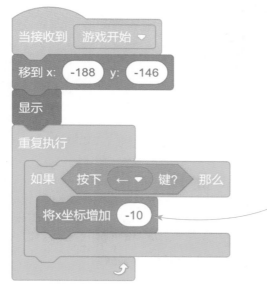

❹ 单击下拉按钮，在展开的列表中
选择"←"选项

❺ 添加"运动"模块下的"将 x 坐
标增加（-10）"积木块

35 使用相同的方法编写让"篮子"角色向右、向上、向下移动的脚本。注
意侦测的按键要分别设置为→键、↑键、↓键，其中按下→键时要利用
"将 x 坐标增加（ ）"积木块移动"篮子"角色，而按下↑键或↓键时
要利用"将 y 坐标增加（ ）"积木块移动"篮子"角色。

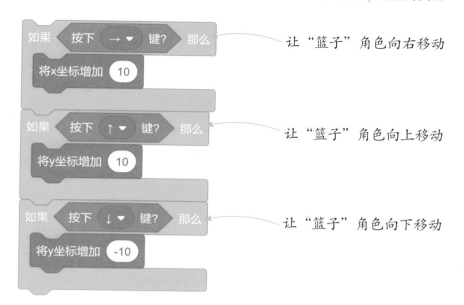

让"篮子"角色向右移动

让"篮子"角色向上移动

让"篮子"角色向下移动

36 选中"苹果 1"角色，为其编写脚本。当单击舞台左上角的▶️按钮时，隐藏角色；当接收到"时间到"消息时，同样隐藏角色。

当单击▶️按钮时，隐藏角色

当接收到"时间到"消息时，隐藏角色

37 当接收到"摆放苹果"消息时，利用"在（）和（）之间取随机数"积木块，将"苹果 1"角色移到舞台左下角指定的区域范围内。

❶ 添加"事件"模块下的"当接收到（）"积木块

❷ 单击下拉按钮，在展开的列表中选择"摆放苹果"选项

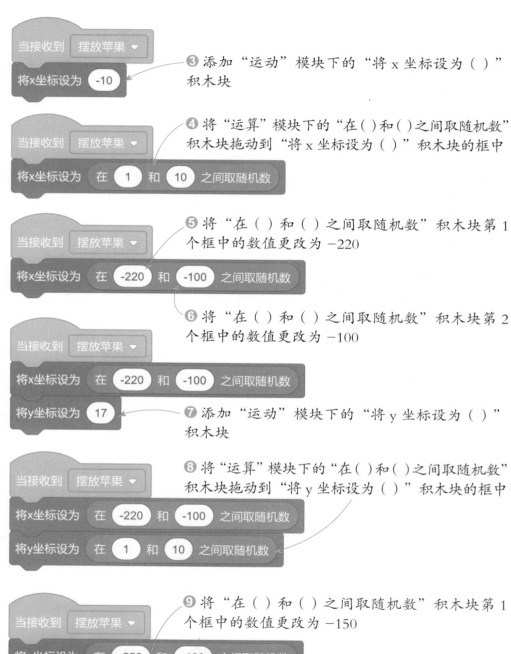

❸ 添加"运动"模块下的"将 x 坐标设为（ ）"积木块

❹ 将"运算"模块下的"在（ ）和（ ）之间取随机数"积木块拖动到"将 x 坐标设为（ ）"积木块的框中

❺ 将"在（ ）和（ ）之间取随机数"积木块第 1 个框中的数值更改为 −220

❻ 将"在（ ）和（ ）之间取随机数"积木块第 2 个框中的数值更改为 −100

❼ 添加"运动"模块下的"将 y 坐标设为（ ）"积木块

❽ 将"运算"模块下的"在（ ）和（ ）之间取随机数"积木块拖动到"将 y 坐标设为（ ）"积木块的框中

❾ 将"在（ ）和（ ）之间取随机数"积木块第 1 个框中的数值更改为 −150

❿ 将"在（ ）和（ ）之间取随机数"积木块第 2 个框中的数值更改为 −60

38 让"苹果 1"角色在 26 个造型中随机选择一个造型。

当接收到 摆放苹果 ▼

将x坐标设为 在 -220 和 -100 之间取随机数

将y坐标设为 在 -150 和 -60 之间取随机数

换成 Z ▼ 造型

❶ 添加"外观"模块下的"换成( )造型"积木块

当接收到 摆放苹果 ▼

将x坐标设为 在 -220 和 -100 之间取随机数

将y坐标设为 在 -150 和 -60 之间取随机数

换成 在 1 和 10 之间取随机数 造型

❷ 将"运算"模块下的"在( )和( )之间取随机数"积木块拖动到"换成( )造型"积木块的框中

当接收到 摆放苹果 ▼

将x坐标设为 在 -220 和 -100 之间取随机数

将y坐标设为 在 -150 和 -60 之间取随机数

换成 在 1 和 26 之间取随机数 造型

❸ 将"在( )和( )之间取随机数"积木块框中的数值分别更改为 1 和 26

39 将"苹果 1"角色的当前造型编号添加到"字母"列表中,然后在舞台上显示"苹果 1"角色。

当接收到 摆放苹果 ▼

将x坐标设为 在 -220 和 -100 之间取随机数

将y坐标设为 在 -150 和 -60 之间取随机数

换成 在 1 和 26 之间取随机数 造型

将 东西 加入 字母 ▼

❶ 添加"变量"模块下的"将( )加入(字母)"积木块

❷ 将"外观"模块下的"造型（编号）"积木块拖动到"将（）加入（字母）"积木块的框中

❸ 添加"外观"模块下的"显示"积木块

小提示

手动添加列表元素

　　"将（）加入（）"积木块用于在程序运行过程中向列表添加元素，如果要在创建完列表后手动添加元素，可以先在舞台上显示列表，然后单击列表左下角的➕按钮，在列表中出现的空白输入框中直接输入要添加的元素。

40 结合"如果……那么……"和"碰到（）？"积木块，判断"苹果1"角色是否碰到了"篮子"角色。

❶ 添加"事件"模块下的"当按下（空格）键"积木块

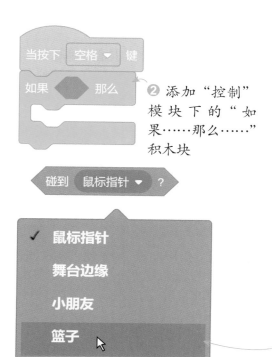

❷ 添加"控制"模块下的"如果……那么……"积木块

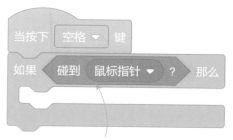

❸ 将"侦测"模块下的"碰到（）？"积木块拖动到"如果……那么……"积木块的条件框中

❹ 单击下拉按钮，在展开的列表中选择"篮子"选项

41 如果"苹果 1"角色碰到"篮子"角色，接下来就要判断"苹果 1"角色的当前造型编号是否与"字母"列表的第 1 个数字相同。

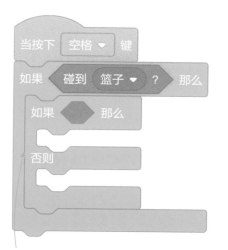

❶ 添加"控制"模块下的"如果……那么……否则……"积木块

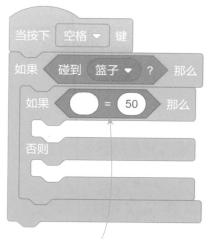

❷ 将"运算"模块下的"（）＝（）"积木块拖动到"如果……那么……否则……"积木块的条件框中

227

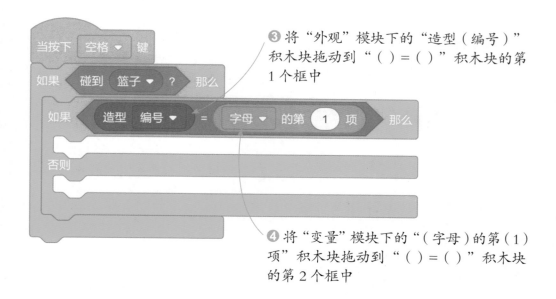

❸ 将"外观"模块下的"造型（编号）"积木块拖动到"（ ）=（ ）"积木块的第1个框中

❹ 将"变量"模块下的"（字母）的第（1）项"积木块拖动到"（ ）=（ ）"积木块的第2个框中

42 如果"苹果1"角色的当前造型编号与"字母"列表的第1个数字相同，则删除"字母"列表的第1个数字，然后隐藏"苹果1"角色，并播放捡起苹果的音效。

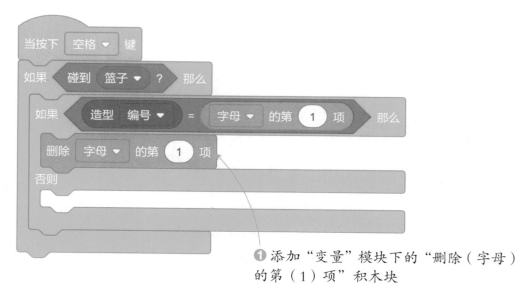

❶ 添加"变量"模块下的"删除（字母）的第（1）项"积木块

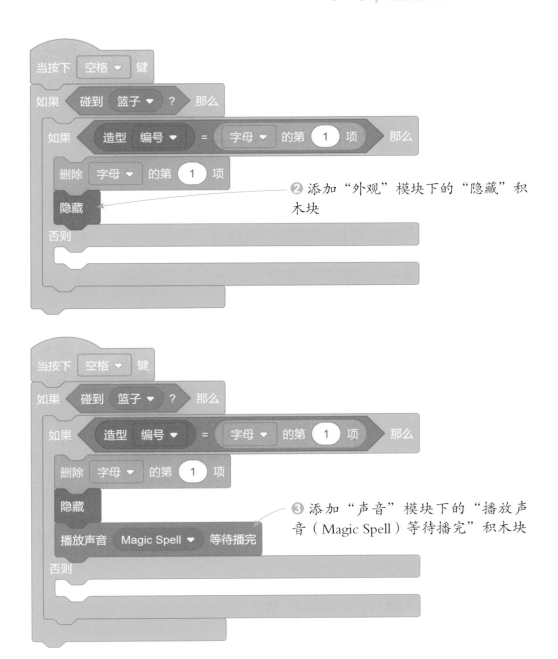

❷ 添加"外观"模块下的"隐藏"积木块

❸ 添加"声音"模块下的"播放声音（Magic Spell）等待播完"积木块

43 如果"苹果1"角色的当前造型编号与"字母"列表的第 1 个数字不同，则说明捡苹果的顺序不正确，让角色提醒小朋友重新选择要捡的苹果。

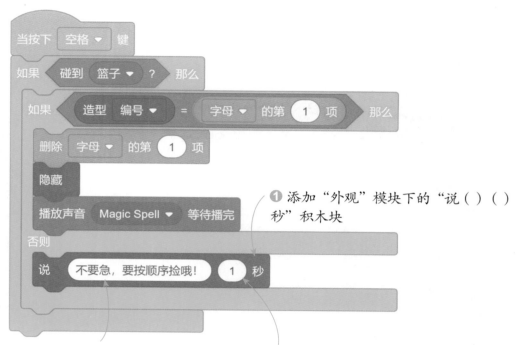

❶ 添加"外观"模块下的"说（ ）（ ）秒"积木块

❷ 将"说（ ）（ ）秒"积木块第 1 个框中的文字更改为"不要急，要按顺序捡哦！"

❸ 将"说（ ）（ ）秒"积木块第 2 个框中的数值更改为 1

44 现在舞台上只有 1 个苹果，接下来通过复制角色，在舞台上添加其余 5 个苹果，然后修改这 5 个苹果角色脚本中的坐标值，让它们分别显示在不同的区域范围。

❶ 右击"苹果 1"角色，在弹出的快捷菜单中单击"复制"命令

❷ 执行多次"复制"命令，复制出"苹果2""苹果3""苹果4""苹果5""苹果6" 5 个角色

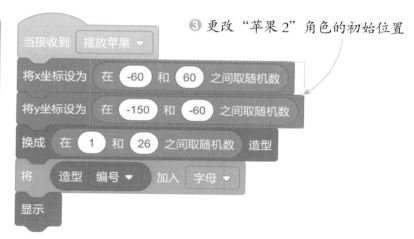

❸ 更改"苹果 2"角色的初始位置

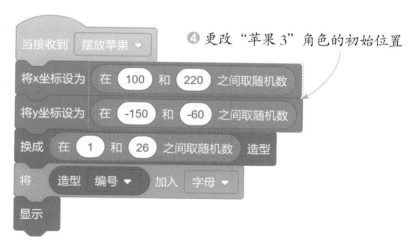

❹ 更改"苹果 3"角色的初始位置

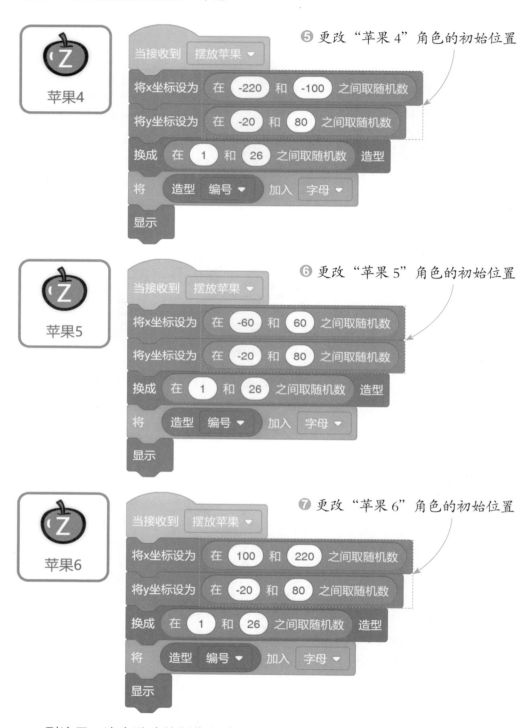

❺ 更改"苹果4"角色的初始位置

当接收到 摆放苹果 ▼

将x坐标设为 在 -220 和 -100 之间取随机数

将y坐标设为 在 -20 和 80 之间取随机数

换成 在 1 和 26 之间取随机数 造型

将 造型 编号 ▼ 加入 字母 ▼

显示

❻ 更改"苹果5"角色的初始位置

当接收到 摆放苹果 ▼

将x坐标设为 在 -60 和 60 之间取随机数

将y坐标设为 在 -20 和 80 之间取随机数

换成 在 1 和 26 之间取随机数 造型

将 造型 编号 ▼ 加入 字母 ▼

显示

❼ 更改"苹果6"角色的初始位置

当接收到 摆放苹果 ▼

将x坐标设为 在 100 和 220 之间取随机数

将y坐标设为 在 -20 和 80 之间取随机数

换成 在 1 和 26 之间取随机数 造型

将 造型 编号 ▼ 加入 字母 ▼

显示

到这里，这个游戏就制作完成了。小朋友们还可以开动脑筋想一想，将游戏改造成按照生活中其他事物的顺序来捡苹果。